新型职业农民培育系列教材

畜禽养殖与疾病防治

卫书杰　李艳蒲　王会灵　主编

U0343618

中国林业出版社

图书在版编目（CIP）数据

畜禽养殖与疾病防治 / 卫书杰，李艳蒲，王会灵主编. —北京：中国林业出版社，2016.9（2018.10重印）
新型职业农民培育系列教材
ISBN 978-7-5038-8723-9

Ⅰ. ①畜… Ⅱ. ①卫… ②李… ③王… Ⅲ. ①畜禽—饲养管理—技术培训—教材②畜禽—动物疾病—防治—技术培训—教材 Ⅳ. ①S815②S858

中国版本图书馆 CIP 数据核字（2016）第 225133 号

出　版　中国林业出版社（100009　北京市西城区德胜门内大街
　　　　　刘海胡同 7 号）
E-mail Lucky70021@sina.com　**电话**（010）83143520
印　刷　三河市祥达印刷包装有限公司
发　行　中国林业出版社总发行
印　次　2018 年10月第 1 版第 2 次
开　本　850mm×1168mm　1/32
印　张　8.25
字　数　250 千字
定　价　26.00 元
（凡购买本社的图书，如有缺页、倒页、脱页者，本社发行部负责调换）

《畜禽养殖与疾病防治》

编委会

前　言

在市场经济驱动下,随着人口增长及城市化进程加快,人们对肉、禽、蛋、奶等动物性食品的需求增加,畜禽养殖从传统的家庭养殖向集约化、规模化、专门化及商品化方向发展。我国现代畜禽养殖业不仅为满足居民日益增长的畜禽产品消费市场需求做出了重大贡献,而且在推进我国现代农业和农村经济结构的战略性调整、带动国民经济中第一产业、推动第二产业和促进第三产业发展等方面起到了不可替代的先导作用。

本书在编写时力求以能力本位教育为核心,语言通俗易懂,简明扼要,注重实际操作。主要介绍了畜禽养殖技术员基础知识、畜禽养殖场所规划与建设、养殖场的卫生控制与消毒处理、猪的生产技术、牛的生产技术、羊的生产技术、鸡的生产技术、鸭的生产技术、现代畜禽养殖的生产经营管理等方面内容,可作为有关人员的培训教材。

编　者

目　　录

模块一　畜禽养殖技术员基础知识

第一节　畜禽养殖员的素质要求及岗位职责

一、畜禽养殖员的素质要求

畜禽养殖员是指在各类养殖企业、农村社会化服务组织和专业合作组织中从事畜禽养殖的人员及规模化动物养殖场的技术人员和准备从事畜禽养殖工作的新型职业农民。养殖员是从事家畜家禽的喂养、护理、放牧、调教和饲料调制的人员，是养殖场生产管理团队的重要一员，其素质要求有以下五点。

第一，身体健康，无传染性疾病，能够胜任岗位工作要求。养殖员需取得健康合格证后方可上岗，并定期体检。

第二，要热爱养殖工作，不怕脏，不怕累，对待工作认真负责，爱岗敬业。

第三，要服从场领导工作分配，服从技术人员技术指导，具有团队精神，懂得互助合作。

第四，养殖员的各类饲养管理行为，应符合场内制订的养殖技术操作规程。进入生产区前需先消毒，更换衣鞋，工作服要保持清洁，定期消毒。

第五，养殖员应遵纪守法，遵守场内规章制度，爱护畜禽及场内公用财物。

二、畜禽养殖员的岗位职责

（一）肉牛育肥饲养员岗位职责

（1）认真执行饲养管理操作规程，树立安全生产意识，养成文明饲养的习惯，按工作程序及技术规程进行操作。

（2）投料严格按照技术员制订的计划执行，发现腐败变质饲料及时捡出。

（3）每次喂料结束后应将饲槽内剩余的饲料回收，减少浪费。饲喂前清理饲槽，保证饲料的新鲜。投喂饲草料时少加勤添。

（4）喂草、喂料的同时，要仔细观察牛的采食行为和粪便，发现病牛及其他异常情况应及时处理并向上级汇报。

（5）做好牛群管理工作，定期梳理被毛，发现牛混群、顶撞、挤压时，及时将其分开。

（6）每天认真打扫圈舍，保证牛舍、牛栏、饮水设备、饲槽的清洁卫生。

（7）圈舍内设施损坏时须及时维修或报修，尤其要保障饮水器、饲槽等的正常使用。

（8）参与相关生产数据测定；规范填写各类养殖档案、生产记录，积累各项生产指标、数据，字迹工整、清晰，不得涂改。

（9）爱护牛群，不打罚牛只，不在牛舍内大声喧哗、嬉闹。

（10）协助技术员、兽医人员做好牛群驱虫、防疫、消毒等工作。

（11）自觉加强学习，不断提高技术水平。工作中积极主动、善于总结思考，敢于提出合理化建议。

（二）奶牛饲养员岗位职责

奶牛饲养员一般包括成母牛、产房、犊牛饲养员等几种岗位。小型奶牛场饲养员也有兼职承担（或辅助）配种员、档案员、饲料工工作的。其基本职责包括以下几点。

（1）参与牛场生产技术管理，熟知本岗位工作程序及技术规范，认真执行饲养规程，树立安全生产意识、养成文明饲养的习惯。

（2）投料按照制订的计划及标准执行，保证饲料品质，遵守相关规定，发现腐败变质饲料及时捡出，不得饲喂。随时掌握所管理牛群的采食情况，必要情况做好记录。每次喂料结束后应将饲槽内剩余的饲料回收，减少浪费。饲喂前清理饲槽，保证饲料新鲜洁净。投喂饲草料时少加勤添，夜间如有需要应定时投喂夜草。

（3）喂草、喂料的同时，要仔细观察奶牛采食行为和粪便，发现病牛及其他异常情况应及时处理并向上级汇报。

（4）协助做好牛群繁殖管理工作，认真观察牛群，做好初步发情鉴定，以保证适时配种、适时转群。

（5）做好产房、产间及所有器具清洗消毒等产前准备，奶牛临产前适时入产间并消毒，按规程做好接产、母牛及犊牛护理，保证犊牛吃到初乳，喂奶要做到定时、定量、定温；并协助做好产后胎衣脱落情况、犊牛断脐创口愈合情况检查，以及称重、记录、标识等工作。

（6）每天认真打扫圈舍，保证牛舍、牛栏、饮水设备、饲槽的清洁卫生。

（7）圈舍内设施损坏时须及时报告维修，尤其要保障饮水器、饲槽等的正常使用。

（8）按照相关规范辅助技术管理人员做好各类养殖档案、生产记录填写工作。

（9）爱护牛群，不打骂牛只，不在牛舍内大声喧哗、嬉闹。

（10）协助技术员、兽医人员做好牛群驱虫、防疫、消毒等工作。

（11）主动学习，不断提高技术水平；尽可能多地了解奶牛场其他管理环节的基本知识及技术规范，以便做好与其他岗位的衔接合作；工作中积极主动、善于总结思考，敢于提出合理化建议。

（三）羊饲养员岗位职责

（1）参与羊场生产技术管理，熟知本岗位工作程序及技术规范，认真执行饲养规程。

（2）投料按照制订的计划及标准执行，保证饲料品质，遵守相关规定，发现腐败变质饲料及时捡出，不得饲喂。每次饲喂前清理饲槽，保证饲料的新鲜。喂料结束后应将饲槽内剩余的草渣清理干净。做好饲草饲料使用情况记录。投喂饲草料时少加勤添，夜间应定时投喂夜草。

（3）喂草、喂料的同时，仔细观察羊只采食行为和精神状态，发现病羊及其他异常情况应及时处理并向上级汇报。

（4）做好羊只分群、分栏管理，防止羊只打斗和杂交乱配。协助做好羊群繁殖管理工作，认真观察、及时试情，鉴别出发情母羊，以保证适时配种。

（5）做好产房、母仔栏及所需器具清洗消毒等产前准备，按规程做好接产、断脐、羔羊护理，保证羔羊吃到初乳。

（6）每天认真打扫圈舍，保证地面、食槽、水槽或饮水设备的清洁卫生。栏舍、饮水器、食槽等设施出现故障应及时维修或报修。

（7）做好冬季防寒、夏季防暑及灭鼠等工作。

（8）做好抓绒、剪毛等工作。

（9）协助做好羊群防疫、消毒及驱虫、药浴等工作。

（10）辅助做好各类养殖档案、生产记录填写工作。

（四）养猪场饲养员岗位职责

养猪场饲养员负责生猪的饲养、管理、卫生消毒、日常记录等工作。一般包括生长育肥猪、保育猪、哺乳母猪和仔猪、妊娠母猪、辅助配种员等几种岗位。其基本职责包括以下几点。

（1）熟知本岗位工作程序及技术规范，认真执行饲养规程，按照岗位职责做好公猪、空怀猪、后备猪、妊娠母猪、哺乳母猪及仔猪、保育猪、生长育肥猪的饲养管理工作。

（2）参与猪场生产技术管理，协助做好猪群的分群周转管理。

（3）投料按照制订的计划及标准执行，保证饲料品质，遵守相关规定，不得饲喂腐败变质及污染的饲料。

（4）协助做好猪的防疫、猪舍及用具消毒及病弱猪的护理工作。

(5)保持猪舍环境的干净卫生，做好工具、用具的清洁与保管。

(6)做好冬季防寒、夏季防暑，及防鸟、灭蚊蝇、灭鼠工作。

(7)辅助做好各类养殖档案、生产记录填写工作。

（五）蛋鸡场饲养员岗位职责

(1)做好蛋鸡不同饲养阶段的饲料配比，严格按照营养标准和饲养规程执行，投食定时定量，杜绝浪费，保证料位充足，及时调整饮水器高度和料桶的高度，保证饮用水充足、清洁。负责雏禽开食、开饮。

(2)合理调整饲养密度，做好分群管理，实行全进全出。

(3)做好鸡舍内温度、湿度、光照、通风控制，提供适合鸡只健康生长的环境。育雏阶段的环境控制最为关键，要严格按照技术规程操作。

(4)鸡舍定期清扫、消毒。地面平养的鸡舍，要定期翻动垫料，保持垫料蓬松透气；网上饲养的要定期刮粪。鸡全群转群、出栏后彻底打扫鸡舍，对饲养器具进行清洗、消毒。

(5)加强鸡群日常管理，定期巡视、仔细观察鸡群动态、粪便颜色状态，发现病鸡及其他异常应及时处理并向上汇报，栏舍、饮水器、食槽、网栏等设施出现问题及时补救、维修或报修。

(6)负责集蛋、装箱，随时捡出破损蛋、粪污蛋。

(7)保持环境安静，动作轻缓，防止鸡群受惊吓应激。

(8)协助做好各阶段的接种免疫消毒。

(9)协助做好采精及人工输精。

(10)做好防鸟、灭蚊蝇、灭鼠工作。

(11)认真记录采食、称重、用药、死亡淘汰情况，填写各种生产记录，积累各项指标数据。

（六）肉鸡场饲养员岗位职责

(1)实行全进全出制，合理调整饲养密度，做好育雏阶段和脱温后鸡舍内温度、湿度、光照、通风控制，提供适合鸡只健康生长的环境。

（2）负责雏禽开食、开饮。做好不同日龄阶段的饲料配比，严格按照营养标准和饲养规程执行，投食定时定量，保证料位充足，及时调整饮水器高度和料桶的高度，杜绝浪费，并保证充足、清洁的饮水。

（3）鸡舍定期清扫、消毒。地面平养的鸡舍，定期翻动垫料，保持垫料蓬松透气；网上饲养的要定期刮粪。全群出栏后彻底打扫鸡舍，对饲养器具进行清洗、消毒。

（4）加强鸡群日常管理，定期巡视、仔细观察鸡群动态、粪便颜色状态，发现病鸡及其他异常应及时处理并向上汇报，栏舍、饮水器、食槽、网栏等设施出现问题及时补救、维修或报修。中后期加强巡栏，驱赶鸡群以增进其食欲，减少胸部囊肿发生几率。

（5）协助做好各阶段的接种免疫消毒。

（6）做好防鸟、灭蚊蝇、灭鼠工作。

（7）保持环境安静，动作轻缓，防止鸡群受惊吓应激。

（8）认真记录采食、称重、用药、死亡淘汰情况，填写各种生产记录，积累各项指标数据。

第二节　畜禽养殖员的职业素养

一、畜禽养殖员应了解掌握的知识体系

作为一名畜禽养殖员，应该具备所从事行业的相关知识和技能，包括一定的专业基础知识、专业技能和相关法律、法规知识。

专业基础知识一般包括畜禽营养与饲料知识、畜禽品种知识、畜禽解剖生理知识、畜禽繁殖知识、畜禽环境卫生知识、畜禽饲养管理知识、畜禽饲养设备知识、畜禽卫生防疫知识等。相关法律、法规知识包括《中华人民共和国畜牧法》《中华人民共

和国动物防疫法》《草原法》《种畜禽管理条例》《兽药管理条例》《饲料及饲料添加剂管理条例》等，及无公害畜禽产品生产管理制度规范和其他相关法律法规。

概括地讲，畜禽养殖员应了解掌握的知识体系大致有以下几个方面：

（1）了解一定的畜禽品种知识，了解掌握常见畜禽的外貌特征、生理特点及生物学特性。

（2）了解畜禽的选种与选配的基本方法及程序，掌握种畜禽的人工授精技术和禽蛋孵化技术。

（3）了解畜禽的营养需要与饲养标准，应用常用饲料进行畜禽饲料的日粮配合与加工调制，掌握青绿饲料的生产与青储技术。

（4）掌握所饲养畜禽种类各生产阶段的饲养管理措施。

（5）了解或掌握常见传染病、寄生虫病、普通病的防治技术，熟练掌握畜禽场疾病综合防制措施和废弃物处理与控制要求。

（6）了解畜禽场场址选择、布局和畜禽舍建筑设计要点，掌握养殖设备使用知识等。

二、基本操作技能

（一）饲料调制环节

能够按照不同生产阶段选定、使用、保管饲料，懂得按季节和生产阶段调整日粮；能识别饲料原料和配合饲料；能够对秸秆饲料进行氨化或碱化处理并正确使用，能够独立或参与制作青储饲料，等等。

（二）饲喂环节

保证畜禽饲喂次数和饲喂间隔；能够熟练地清理、洗刷、使用喂饮器具；能够初步感官判断饲料和饮用水的质量；掌握幼畜喂乳、开食、补饲要领；适时给幼畜断奶，等等。

（三）设备安装使用环节

能及时准备（或通知其他部门准备）畜舍生产用具及设备，懂得维护畜舍生产设备，定期清理消毒；能够安装简单的畜舍生产设备，等等。

（四）畜舍环境控制环节

及时清理粪便，保持畜舍及设施卫生，熟练使用环境控制设备调控舍内温度和湿度，进行舍内通风，清除有害气体；能安装、调试简单的畜舍环境调控设施设备；使用仪表检测畜舍卫生指标，等等。

（五）生产管理环节

能识别发情、妊娠、临产母畜，能推算母畜预产期，准备产房；能够熟练护理初生幼畜，给幼畜编号、分群及去角、断尾，参与称测畜禽体重、体尺，负责有关生产档案记录；会调教畜禽纠正恶癖；能自觉防止和减缓管理环节容易产生的各类应激，等等。

（六）产品收集、保管环节

合理安排肉用畜禽出栏时间；羊场饲养员应能剪毛、抓绒，对羊毛、绒进行分级和保管，等等。

（七）卫生防疫环节

能区分养畜场各功能区域，执行消毒、隔离制度，对饮水、畜舍、用具、畜体、车辆和人员进行消毒；会进行简单的投药、免疫接种、驱虫操作；能稀释、配制常用消毒剂；能够按规程清理、消毒病畜及污染物，正确处理患传染病畜禽；能护理病畜，等等。

另外，有经验的畜禽养殖员还应具备更复杂的知识技能，比如参与养畜场生产计划、饲料需求计划、免疫接种计划和畜舍环境改善方案的制订和执行；了解和执行养畜场卫生综合治理措施、饲料品质控制措施；了解和参与饲料配方设计和效果检验、调整；了解畜舍建筑结构设计、各种生产记录资料的要求和作用。

模块二　畜禽养殖场所规划与建设

第一节　猪场的规划与建设

一、猪场的规划与布局

(一)场区规划

猪场布局包括场区的总平面布置、场内道路和排污布置、场区绿化3部分内容。

1. 场区平面布置

一个完善的规模化猪场在总体布局上应包括4个功能区，即生活区、生产管理区、生产区和隔离区。考虑到有利防疫和方便管理，应根据地势和主风向合理安排各区。

(1)生活区。生活区包括职工宿舍、食堂、文化娱乐室、活动或运动场地等。此区应设在猪场大门外面的地势较高的上风向，避免生产区臭气与粪水的污染，并便于与外界联系。

(2)生产管理区。包括消毒室、接待室、办公室、会议室、技术室、化验分析室、饲料厂、仓库、车库和水电供应设施等。该区与社会联系频繁，与场内饲养管理工作关系密切，应严格防疫，门口设置车辆消毒池、人员消毒更衣室。生产管理区与生产区间应有墙隔开，进生产区门口再设消毒池、更衣消毒室以及洗澡间。非本场车辆一律禁止入场。此区也应设在地势较高的上风向或偏风向。

(3)生产区。包括各类猪舍和生产设施，是猪场的最主要区域，禁止一切外来车辆与人员入内。饲料运输用场内小车经料库内门发放饲料，围墙处设有装猪台，售猪时经装猪台装车，避免装猪车辆进场。

（4）隔离区。此区包括兽医室、隔离猪舍、尸体剖检和处理设施、粪污处理区等。该区是卫生防疫和环境保护的重点，应设在地势较低的下风向，并注意消毒及防护。

2. 场内道路和排污布置

道路是猪场总体布局中一个重要组成部分，它与猪场生产、防疫有重要关系。猪场内应分出净道和污道，互不交叉。净道正对猪场大门，是人员行走和运送饲料的道路。污道靠猪场边墙，是处理粪污和病死猪等的通道，由侧后门运出。场内道路要求防水防滑，生产区不宜设直通场外的道路，以利于卫生防疫。

3. 场区绿化

猪场绿化可在猪场北面设防风林，猪场周围设隔离林，场区各猪舍之间、道路两旁种植树木以遮阴绿化，场区裸露地面上种植花草。

（二）建筑物布局

生活区和生产管理区宜设在猪场大门附近，门口分设行人和车辆消毒池，两侧设值班室和更衣室。生产区内种猪、仔猪应置于上风向和地势较高处。分娩猪舍要靠近妊娠猪舍，又要接近仔猪培育舍，育成猪舍靠近育肥猪舍，育肥猪舍设在下风向。商品猪舍置于离场门或围墙近处，围墙内侧设有装猪台，运输车辆停在围墙外。

二、场址选择

（一）地形和地势

地形要求开阔整齐，面积充足，符合当地城乡建设的发展规划并留有发展余地；要求地势平坦高燥、背风向阳，地下水位应在地面 2 米以下，坡度为最大不得超过 25°。

（二）水源和水质

要求水量充足、水质良好、取用方便，利于防护；养猪场必须要有符合饮用水卫生标准的水源。

（三）土壤类型

应选择土质坚实、渗水性强的沙壤土最为理想。

（四）社会联系

一般情况下，养猪场与居民区或其他牧场的距离为：中、小型养猪场不小于 500 米，大型场养猪场不小于 1000 米；距离各种化工厂、畜产品加工厂 1500 米以上；距离铁路和国家一、二级公路不少于 500 米。

三、猪舍的类型

猪舍的设计与建筑，首先要符合养猪生产工艺流程，其次要考虑各自的实际情况。黄河以南地区以防潮隔热和防暑降温为主；黄河以北则以防寒保温和防潮防湿为重点。

（一）公猪舍

公猪舍一般为单列或双列半开放式，舍内温度 16～21℃，风速 0.2 米/秒，内设走廊，外有小运动场，以增加种公猪的运动量，一圈一头（见图 2-1）。

图 2-1　公猪舍

（二）空怀和妊娠母猪舍

空怀和妊娠母猪前期最常用的一种饲养方式是分组大栏群

饲，一般每栏饲养空怀母猪 4～5 头、妊娠母猪 2～4 头，妊娠母猪后期则采用限位栏方式饲养（见图 2-2）。圈栏的结构有实体式、栏栅式、综合式 3 种，猪圈布置多为双列式。大栏面积一般 7～9 平方米，限位栏一般 1.2 平方米，地面坡降不要大于1/45，地表不能太光滑，以防母猪跌倒。舍温要求 18～22℃，风速 0.2 米/秒。

图 2-2　妊娠舍

（三）分娩哺育舍

分娩舍即产房，通常每个单元一间房舍，采用全进全出的饲养方式。产房内设有分娩栏，布置多为单列式或双列式，大型猪场也有三列式。舍内温度要求 15～20℃，风速 0.2 米/秒。分娩栏位结构也因条件而异。

1. 地面分娩栏

采用单体栏，中间部分是母猪限位架，两侧是仔猪采食、饮水、取暖等活动的地方。母猪限位架的前方是前门，前门上设有料槽和饮水器，供母猪采食、饮水；限位架后部有后门，供母猪进入及清粪操作。可在栏位后部设漏缝地板，以排除栏内的粪便和污物（见图 2-3）。

2. 网上分娩栏

网上分娩栏主要由分娩栏、仔猪围栏、钢筋编织的漏缝地板网、保温箱、支腿等组成(见图2-4)。

图 2-3　地面分娩栏

图 2-4　网上分娩栏

(四)仔猪保育舍

舍内温度要求 22～26℃，风速 0.2 米/秒。可采用网上保育栏，1～2 窝一栏网上饲养，用自动落料料槽，自由采食。网上培育减少了仔猪患病几率，有利于仔猪健康，提高了成活率。仔猪保育栏主要由钢筋编织的漏缝地板网、围栏、自动落料槽、连接卡等组成(见图2-5)。

图 2-5　仔猪保育舍

（五）生长、育肥舍和后备母猪舍

舍内温度 18～24℃，风速 0.2 米/秒。这 3 种猪舍均采用大栏地面群养方式，自由采食，其结构形式基本相同，只是在外形尺寸上因饲养头数和猪体大小的不同而有所变化（见图 2-6）。

图 2-6　生长育肥舍

四、养猪主要设备

（一）猪栏设备

根据所用材料的不同，分为实体猪栏、栏栅式猪栏和综合式猪栏 3 种形式。

实体猪栏采用砖砌结构（厚 120 厘米，高 1～1.2 米）外抹水泥，或采用水泥预制构件（厚 50 厘米左右）组装而成；栏栅式猪栏采用金属型材焊接成栏栅状再固定装配而成；综合式猪栏是以上两种形式的猪栏综合而成，两猪栏相邻的隔栏采用实体结构，沿喂饲通道的正面采用栏栅式结构。

根据猪栏内所养猪种类的不同，猪栏又分为公猪栏、配种猪栏、母猪栏、母猪分娩栏、保育猪栏、生长猪栏和育肥猪栏。

1. 公猪栏

指饲养种公猪的猪栏。按每栏饲养 1 头公猪设计，一般栏高 1.2～1.4 米，占地面积 6～7 平方米。通常舍外与舍内公猪栏相对应的位置要配置运动场。工厂化猪场一般不设配种栏，公猪栏同时兼作配种栏。

2. 母猪栏

指饲养后备、空怀和妊娠母猪的猪栏，按要求分为群养母猪栏、单体母猪栏和母猪分娩栏 3 种。

(1)群养母猪栏。通常 6～8 头母猪占用一个猪栏，栏高为1.0 米左右，每头母猪所需面积 1.2～1.6 平方米。主要用于饲养后备和空杯母猪，也可饲养妊娠母猪，但要注意防止母猪抢食而引起流产。

(2)单体母猪栏。每个栏中饲养 1 头母猪，栏长 2.0～2.3 米，栏高 1.0 米，栏宽 0.6～0.7 米。主要用于饲养妊娠母猪。

(3)母猪分娩栏。指饲养分娩哺乳母猪的猪栏，主要由母猪限位架、仔猪围栏、仔猪保温箱和网床 4 部分组成。其中，母猪限位架长 2.0～2.3 米，宽 0.6～0.7 米，高 1.0 米；仔猪围栏的长度与母猪限位架相同，宽 1.7～1.8 米，高 0.5～0.6 米；仔猪保温箱是用水泥预制板、玻璃钢或其他具有高强度的保温材料，在仔猪围栏区特定的位置分隔而成。

3. 保育栏

指饲养保育猪的猪栏，主要由围栏、自动食槽和网床 3 部分组成。按每头保育仔猪所需网床面积 0.30～0.35 平方米设计，一般栏高为 0.7 米左右。

4. 生长栏和肥育栏

指饲养生长猪和肥育猪的猪栏。猪通常在地面上饲养，栏内地面铺设局部漏缝地板或金属漏缝地板，其栏架有金属栏和实体式两种结构。一般生长栏高 0.8～0.9 米，肥育栏高 0.9～1.0 米，生长猪栏占地面积按每头 0.5～0.6 平方米，肥育栏占地面积按每头 0.8～1.0 平方米。

(二)漏缝地板

现代猪场为了保持栏内的清洁卫生，改善环境条件，减少人工清扫，普遍采用粪尿沟上设漏缝地板，漏缝地板的类型有钢筋混凝土板条、钢筋编织网、钢筋焊接网等。对漏缝地板的要求是耐腐蚀、不变形、表面平而不滑、导热性小、坚固耐用、漏粪效果好、易冲洗消毒，适应所饲养猪的行走站立，不卡猪蹄。

(三)饲喂设备

1. 自动食槽

自动食槽是指采用自由采食喂饲方式的猪群所使用的食槽。它是在食槽的顶部装有饲料储存箱，随着猪只的采食，饲料在重力的作用下不断落入食槽内，可以间隔较长时间加料，大大减少了饲喂工作量。

2. 限量食槽

限量食槽是指用限量喂饲方式的猪群所用的食槽，常用水泥、金属等材料制造。其中，高床网上饲养的母猪栏内常配备金属材料制造的限量食槽。公猪用的限量食槽长度为 500～800 毫米。群养母猪限量食槽长度根据它所负担猪的数量和每头猪所需要的采食长度(300～500 毫米)而定。

(四)饮水设备

饮水设备是指为猪舍猪群提供饮水的成套设备。猪舍饮水系统由管路、活接头、阀门和自动饮水器等组成。

（五）环境控制设备

环境控制设备指为各类猪群创造适宜温度、湿度、通风换气等使用的设备，主要有供热保温、通风降温、环境监测和全气候环境控制设备等。

1. 供热保温设备

现代猪舍的供暖，分集中供暖和局部供暖两种方法。

目前，大多数猪场采用局部供暖方式较多，如高床网上分娩的仔猪，为了满足仔猪对温度的要求，常采用局部供暖，常用的局部供暖设备是红外线灯或红外线辐射板加热器。

2. 通风降温设备

通风降温设备指为了排除舍内的有害气体，降低舍内的温度和控制舍内的湿度等使用的设备。

（1）通风机配置：

①侧进（机械），上排（自然）通风。

②上进（自然），下排（机械）通风。

③机械进风（舍内进），地下排风和自然排风。

④纵向通风，一端进风（自然），一端排风（机械）。

（2）喷雾降温系统。指一种利用高压将水雾化后漂浮在猪舍中，吸收空气的热量使舍温降低的喷雾系统，主要由水箱、压力泵、过滤器、喷头、管路及自动控制装置组成。

（3）喷淋降温或滴水降温系统。指一种将水喷淋在猪身上为其降温的系统，而滴水降温系统是一种通过在猪身上滴水而为其降温的系统。

第二节　牛场的规划与建设

一、牛场场址选择

（一）合适的位置

牛场的位置应选在供水、供电方便，饲草饲料来源充足，交通便利且远离居民区的地方。

（二）地势高燥、地形开阔

牛场应选在地势高燥、平坦，向南或向东南地带稍有坡度的地方，这样既有利于排水，又有利于采光。

（三）土壤的要求

土壤应选择沙壤土为宜，沙壤工能保持场内干燥，温度较恒定。

（四）水源的要求

创建牛场要有充足的、符合卫生标准的水源供应。

二、牛场的规划布局

按功能规划为以下分区：生活区、管理区、生产区、粪尿处理区和病牛隔离区。根据当地的主要风向和地势高低依次排列。

1. 生活区

建在其他各区的上风头和地势较高的地段，并与其他各区用围墙隔开一段距离，以保证职工生活区的良好卫生条件，也是牛群卫生防疫的需要。

2. 管理区

管理区要和生产区严格分开，保证 50 米以上的距离，外来人员只能在管理区活动。

3. 生产区

应设在场区的较下风位置，禁止场外人员和车辆进入，要保证该区安全、安静。

4. 粪尿处理区

生产区污水和生活区污水收集到粪尿处理区，进行无害化处理后排出场外。

5. 病牛隔离区

建高围墙与其他各区隔离，相距 100 米以上，处在下风向和地势最低处。

三、牛场建设

(一)肉牛舍建设

1. 牛舍类型

(1)半开放牛舍。半开放牛舍三面有墙，向阳一面敞开，有部分顶棚，在敞开一侧设有围栏，水槽、料槽设在栏内，肉牛散放其中。每舍(群)15～20 头，每头牛占有面积 4～5 平方米。这类牛舍造价低，节省劳动力，但冬天防寒效果不佳。

(2)塑料暖棚牛舍。塑料暖棚牛舍属于半开放牛舍的一种，是近年北方寒冷地区推出的一种较保温的半开放牛舍。

(3)封闭牛舍。封闭牛舍四面有墙和窗户，顶棚全部覆盖，分单列封闭舍和双列封闭舍。

2. 牛舍结构

(1)地基与墙体。地基深 80～100 厘米，砖墙厚 24 厘米，双坡式牛舍脊高 4.0～5.0 米，前后檐高 3.0～3.5 米。牛舍内墙的下部设墙围，防止水气渗入墙体，提高墙的坚固性、保温性。

(2)门窗。门高 2.1～2.2 米，宽 2.0～2.5 米。封闭式的牛舍窗应大一些，高 1.5 米，宽 1.5 米，窗台距地面 1.2 米为宜。

(3)屋顶。最常用的是双坡式屋顶。

(4)牛床。一般的牛床设计是使牛前驱靠近料槽后壁，后肢接近牛床边缘，粪便能直接落入粪沟内即可。

(5)料槽。料槽建成固定式的、活动式的均可。水泥槽、铁槽、木槽均可用作牛的饲槽。

(6)粪沟。牛床与通道间设有排粪沟，沟宽 35～40 厘米，深 10～15 厘米，沟底呈一定坡度，以便污水流淌。

（7）清粪通道。清粪通道也是牛进出的通道，多修成水泥路面，路面应有一定坡度，并刻上线条防滑。清粪道宽 1.5～2.0 米。牛栏两端也留有清粪通道，宽为 1.5～2.0 米。

（8）饲料通道。在饲槽前设置饲料通道。通道高出地面 10 厘米为宜，饲料通道一般宽 1.5～2.0 米。

（9）运动场多设在两舍间的空余地带，四周栅栏围起，将牛拴系或散放其内。每头牛应占面积为：成牛 15～20 平方米、育成牛 10～15 平方米、犊牛 5～10 平方米。

（二）奶牛舍建设

1. 牛舍类型

（1）舍饲拴系饲养方式：

①成奶牛舍多采用双坡双列式或钟楼、半钟楼式双列式。双列式又分对头式与对尾式两种。每头成奶牛占用面积 8～10 平方米，跨度 10.5～12 米，百头牛舍长度 80～90 米。

②青年牛、育成牛舍大多采用单坡单列敞开式。每头牛占用面积 6～7 平方米，跨度 5～6 米。

③犊牛舍多采用封闭单列式或双列式。

④犊牛栏长 1.2～1.5 米，宽 1～1.2 米，高 1 米，栏腿距地面 20～30 厘米，应随时移动，不应固定。

（2）散放饲养方式：

①挤奶厅设有通道、出入口、自由门等，主要方便奶牛进出。

②自由休息牛栏一般建于运动场北侧，每头牛的休息牛床用 85 厘米高的钢管隔开，长 1.8～2.0 米，宽 1.0～1.2 米，牛只能躺卧不能转动，牛床后端设有漏缝地板，使粪尿漏入粪尿沟。

2. 牛舍结构

（1）基础。要求有足够的强度和稳定性，必须坚固。

（2）墙壁。墙壁要求坚固结实、抗震、防水、防火，并具良好的保温与隔热特性，同时要便于清洗和消毒。一般多采用砖墙。

（3）屋顶。要求质轻，坚固耐用、防水、防火、隔热保温；能抵抗雨雪、强风等外力因素的影响。

（4）地面。牛舍地面要求致密坚实，不硬不滑，温暖有弹性，易清洗消毒。

（5）门。牛舍门高不低于 2 米，宽 2.2～2.4 米。

（6）窗。一般窗户宽为 1.5～2.0 米，高 2.2～2.4 米，窗台距地面 1.2 米。

第三节　羊场的规划与建设

一、羊场的规划与布局

（一）场地的选择

羊场场址选择时应根据其生产特点、经营形式、饲养管理方式进行全面考虑。场址选择应遵循以下基本原则。

1. 地形地势

羊场要求地势高燥，向阳避风，地下水位低，地形平坦，开阔整齐，有足够的面积，并留有一定的发展余地。

2. 饲料饲草的来源

羊场饲草饲料应来源方便，充分利用当地的饲草资源。以舍饲为主的农区，要有足够的饲料饲草基地或饲草饲料来源。而北方牧区和南方草山草坡地区要有充足的放牧场地及大面积人工草地。

3. 水源条件好

要有充足而清洁的水源，且取用方便，设备投资少。切忌在严重缺水或水源严重污染地区建场。

4. 交通、通信方便，能源供应充足

要远离主干道，与交通要道、工厂及住宅区保持 500 ～

1000 米以上距离，以利于防疫及环境卫生。

（二）场区规划和平面布局

1. 场区规划

按羊场的经营管理功能，可划分为生活管理区、生产区和病羊隔离区。

生活管理区包括羊场经营管理有关的建筑物，羊的产品加工、储存、销售，生活资料供应以及职工生活福利建筑物与设施等，应位于羊场的上风向和地势较高地段，以确保良好的环境卫生。

生产区包括各种羊舍、饲料仓库、饲料加工调制建筑物等。建在生活管理区的下风向，严禁非生产人员及外来人员出入生产区。

病羊隔离区包括兽医室、病羊隔离舍等，该区应设在生产区的下风向处，并与羊舍保持一定距离。

2. 场区的平面布局

羊场的建筑物布局应根据羊场规模、地形地势条件及彼此间的功能联系进行统筹安排。

生活管理区的经营活动与外界社会经常发生极密切的联系，该区位置的确定应设在靠近交通干线、靠近场区大门的地方，并与生产区有隔离设施。

生产区是羊场的核心，应根据其规模和经营管理方式，进一步规划小区布局。应将种羊、幼羊、商品羊分开设在不同地段，分小区饲养管理。病羊隔离舍应尽可能与外界隔绝，并设单独的通路与出入口。

二、羊舍建设及内部设施

（一）羊舍建筑设计的基本技术参数

1. 羊舍的环境要求

（1）羊舍温度。羊舍适宜温度范围 8～21℃，最适温度范围

$10\sim15℃$。冬季产羔舍舍温应不低于 $8℃$，其他羊舍不低于 $0℃$；夏季舍温不超过 $30℃$。

（2）羊舍湿度。羊舍内的适宜相对湿度以 $50\%\sim70\%$ 为宜，最好不要超过 80%。羊舍应保持干燥，地面不能太潮湿。

（3）羊舍的通风换气。通风换气的目的是排出舍内的污浊气体，保持舍内空气新鲜，防止羊舍内空气中的氨气（NH_3）、硫化氢（H_2S）、二氧化碳（CO_2）等含量超标，危害羊只的健康。

（4）羊舍光照。羊舍采光系数即窗的受光面积与舍内地面的面积比，成年羊舍 $1:15$，高产绵羊舍 $1:(10\sim12)$，羔羊舍 $1:(15\sim20)$。保证冬季羊床上有 6 小时的阳光照射。

2. 羊舍的基本结构要求及其技术参数

（1）羊舍面积。根据羊的品种、数量和饲养方式而定。各类羊所需的适宜面积见表2-1。

表2-1　各类羊只所需的羊舍面积

羊别	种公羊（独栏）	群养公羊	成年母羊	育成母羊	去势羔羊
面积（m²/只）	$4\sim6$	$1.8\sim2.25$	$1.1\sim1.6$	$0.7\sim0.8$	$0.6\sim0.8$

产羔舍可按基础母羊数 $20\%\sim25\%$ 计算面积，运动场一般为羊舍面积的 $2\sim2.5$ 倍，成年羊运动场面积按每只 4 平方米计算。

（2）地面。羊舍的地面有实地面和漏缝地面两种。

（3）墙。墙体是羊舍的主要围护结构，有隔热、保暖作用。

（4）门。羊舍一般门宽 $2.5\sim3.0$ 米，高 $1.8\sim2.0$ 米。

（5）窗。窗设在羊舍墙上，起到通风、采光的作用。

（6）屋顶与天棚。屋顶是羊舍上部的外围护结构，具有防雨雪、风沙和保温隔热的功能。天棚是将羊舍与屋顶下空间隔开的结构。其主要功能可加强房屋的保温隔热性能，同时也有利于通风换气。

羊舍净高以 2.0～2.4 米为宜，在寒冷地区可降低高度。单坡式羊舍一般前高 2.2～2.5 米，后高 1.7～2.0 米，屋顶斜面呈 45°。

（二）羊舍及附属设施

1. 羊舍类型

羊舍类型按屋顶形式可分为单坡式、双坡式、钟楼式或拱式屋顶等；按墙通风情况有封闭舍、开放舍及半开放舍；按地面羊床设置可分双列式、单列式等不同的类型。下面列举几种较为常见的羊舍。

（1）半开放双坡式羊舍。这种羊舍三面有墙，一面有半截长墙，故保湿性较差，但通风采光良好。平面布局可分为曲尺形，也可为长方形（见图 2-7）。

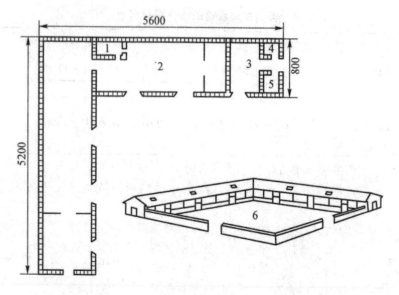

图 2-7　半开放双坡式羊舍（单位：厘米）
1-人工授精室；2-普通羊舍；3-分娩栏室；4-值班室；5-饲料间；6-运动场

（2）封闭双坡式羊舍。这种羊舍四周墙壁密闭性好，双坡式屋顶跨度大。若为单列式羊床，走道宽 1.2 米，建在栏的北边，饲槽建在靠窗户走道侧，走道墙高 1.2 米（下部为隔栅），以便羊头从栅缝伸进饲槽采食。亦可改为双列式，中间设 1.5 米宽走道，走道两侧分设通长饲槽，以便补饲草料（见图 2-8）。

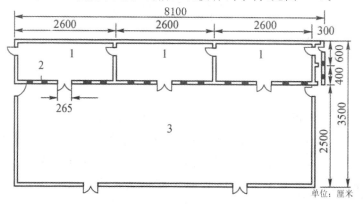

图 2-8　可容纳 600 只母羊的封闭双坡式羊舍

1-羊圈；2-通气管；3-运动场

（3）楼式羊舍。这种羊舍羊床距地面 1.5～1.8 米，用水泥漏缝预制件或木条铺设，缝隙宽 1.5～2.0 厘米，以便粪尿漏下。羊舍南面为半敞开式，舍门宽 1.5～2.0 米。通风良好，防暑、防潮性能好，适合于南方多雨、潮湿的平原地区采用。

（4）吊楼式羊舍。这种羊舍多利用山坡修建，距地面一定高度建成吊楼，双坡式屋顶，封闭式或南面修成半敞开式，木条漏缝地面或水泥漏缝预制件铺设，缝隙宽 1.5～2.0 厘米，便于粪尿漏下。这种羊舍通风、防潮、结构简单，适合于广大山区和潮湿地区采用（见图 2-9）。

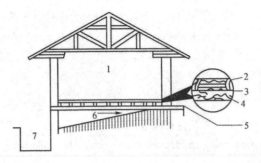

图 2-9　吊楼式羊舍侧剖面图

1-羊舍；2-木条；3-楼幅；4-抬楼幅；5-运动场；6-斜坡；7-粪池

2. 羊场附属设施

(1)饲料青储设施。青储饲料是农区舍饲或冬春补饲的主要优质粗饲料。为了制作青储饲料，应在羊舍附近修建青储窖或青储塔等设施。

①青储窖一般是圆桶形、长方形，为地下式或半地下式。窖壁、窖底用砖、石灰、水泥砌成。②青储塔用砖、石、钢筋、水泥砌成。可直接建造在羊舍旁边，取用方便。

(2)饲槽和饲草架。固定式永久饲槽：通常在羊舍内，尤以舍饲为主的羊舍应修建固定式永久性饲槽。悬挂式草架：用竹片、木条或钢筋、三角铁等材料做成的栅栏或草架，固定于墙上，方便补饲干草。

(3)活动栅栏。活动栅栏可供随时分隔羊群之用。在产羔时也可临时用活动栅栏隔成母仔栏。通常羊场都要用木板、钢筋或铁丝网等材料加工成高 1 米，长 1.2 米、1.5 米、2～3 米不等的栅栏。

(4)药浴池。羊药浴池一般为长方形狭长小沟，用砂石、砖、水泥砌成。池的深度不少于 1 米，长约 10 米，上口宽 50～80 厘米，池底宽 40～60 厘米，以一只羊能通过而不能转身为宜。池的入口处为陡坡，以便羊只迅速入池。出口端筑成台阶式缓坡，以便消毒后的羊只攀登上岸。入口端设储羊栏，出口端设滴流台，使药浴后羊只身上多余的药液回流池内。

第四节　禽场的规划与建设

一、禽场的规划与布局

（一）禽场场址选择

场址选择必须考虑以下几个因素。

1. 自然条件

（1）地势地形。禽场应选在地势较高、干燥、平坦、背风向阳及排水良好的场地，以保持场区小气候的相对稳定。

（2）水源水质。禽场要有水量充足和水质良好的水源，同时要便于取用和进行防护。水量充足是指能满足场内人禽饮用和其他生产、生活用水的需要。

（3）地质土壤。沙壤土最适合场区建设。

（4）气候因素。规划禽场时，需要收集拟建地区与建筑设计有关和影响禽场小气候的气候气象资料和常年气象变化、灾害性天气情况等。

2. 社会条件

（1）城乡建设规划。禽场选址应符合本地区农牧业发展总体规划、土地利用发展规划、城乡建设发展规划和环境保护规划。

（2）交通运输条件。交通方便，场外应通有公路，但应远离交通干线。

（3）电力供应情况。有可靠的供电条件，一些家禽生产环节如孵化、育雏、机械通风等电力供应必须绝对保证。同时还需自备发电设备，以保证场内供电的稳定可靠。

（4）卫生防疫要求。为防止禽场受到周围环境的污染，按照畜牧场建设标准，选址时要距离铁路、高速公路、交通干线不小于1千米，距一般道路不少于500米，距其他畜牧场、兽医机构、畜禽屠宰厂不小于2千米，距居民区不小于3千米，且必须在城乡建设区常年主导风向的下风向。

(5)土地征用需要。征用土地可按场区总平面设计图计算实际占地面积(见表2-2)。

表2-2 土地征用面积估算

场别	饲养规模	占地面积/(平方米/只)	备注
种鸡场	1万~5万只种鸡	0.6~1.0	按种鸡计
蛋鸡场	10万~20万只产蛋鸡	0.5~0.8	按种鸡计
肉鸡场	年出栏肉鸡100万只	0.2~0.3	按年出栏量计

注:引自黄炎坤、吴健,家禽生产,2007。

(6)协调的周边环境。禽场的辅助设施,特别是蓄粪池,应尽可能远离周围住宅区,建设安全护栏,并为蓄粪池配备永久性的盖罩。防止粪便发生流失和扩散。建场的同时,最好规划一个粪便综合处理利用厂,化害为利。

(二)场区规划

1. 禽场建筑物的种类

按建筑设施的用途,禽场建筑物共分为5类,即行政管理用房、职工生活用房、生产性用房、生产辅助用房和粪污处理设施。

2. 场区规划

(1)禽场各种房舍和设施的分区规划。首先考虑办公和生活场所尽量不受饲料粉尘、粪便气味和其他废弃物的污染;其次生产禽群的卫生防疫,为杜绝各类传染源对禽群的危害,依地势、风向排列各类禽舍顺序,若地势与风向在方向上不一致时,则以风向为主。因地势而使水的地面径流造成污染时,可用地下沟改变流水方向,避免污染重点禽舍,或者利用侧风避开主风向,将要保护的禽舍建在安全位置,免受上风向空气污染。

禽场内生活区、行政区和生产区应严格分开并相隔一定距离,生活区和行政区在风向上与生产区相平行,有条件时,生活区可设置于禽场之外。

生产区是禽场布局中的主体,孵化室应和所有的禽舍相隔一定距离,最好设立于整个禽场之外。

(2)禽场生产流程。禽场内有两条最主要的流程线,一条流程线是从饲料(库)经禽群(舍)到产品(库),这三者间联系最频繁、劳动量最大;另一条流程线是从饲料(库)经禽群(舍)到粪污(场),其末端为粪污处理场。因此饲料库、蛋库和粪场均要靠近生产区,但不能在生产区内。饲料库、蛋库和粪场为相反的两个末端,因此其平面位置也应是相反方向或偏角的位置。

(3)禽场道路。禽场内道路布局应分为清洁道和脏污道,其走向为孵化室、育雏室、育成舍和成年禽舍,各舍有入口连接清洁道。脏污道主要用于运输禽粪、死禽及禽舍内需要外出清洗的脏污设备,其走向也为孵化室、育雏室、育成舍和成年禽舍,各舍均有出口连接脏污道。清洁道和脏污道不能交叉,以免污染。净道和污道以沟渠或林带相隔。

(4)禽场的绿化。绿化布置能改善场区的小气候和舍内环境,有利于提高生产率。进行绿化设计必须注意不可影响场区通风和禽舍的自然通风效果。

二、禽舍建设及内部设施

(一)家禽舍的类型

1. 开放式

舍内与外部直接相通,可利用光、热、风等自然能源,建筑投资低,但易受外界不良气候的影响。通常有以下3种形式:

(1)全敞式。又称棚式,即四周无墙壁,用网、篱笆或塑料编织物与外部隔开,由立柱支撑房顶。这种家禽舍通风效果好,但防暑、防雨、防风效果差。

(2)半敞式。前墙和后墙上部敞开,敞开的面积取决于气候条件及家禽舍类型,敞开部分可以装上卷帘,高温季节便于通风,低温季节封闭保温。

（3）有窗式。四周用围墙封闭，南北两侧墙上设窗户作为进风口。该种家禽舍既能充分利用阳光和自然通风，又能在恶劣的气候条件下实现人工调控室内环境，兼备了开放与密闭式禽舍的双重特点。

2. 密闭式

屋顶与四壁隔温良好，通过各种设备控制与调节作用，使舍内小气候适宜于家禽生理特点的需要。减少了自然界不利因素对家禽群的影响。但建筑和设备投资高，对电的依赖性很大，饲养管理技术要求高。

（二）鸡舍的平面设计

1. 平面布置形式

（1）平养鸡舍平面布置。根据走道与饲养区的布置形式，平养鸡舍分无走道式、单走道式、中走道双列式、双走道双列式等。

①无走道式：鸡舍长度由饲养密度和饲养定额来确定，鸡舍一端设置工作间，工作间与饲养间用墙隔开，饲养间另一端设出粪门和鸡转运大门。

②单走道单列式：多将走道设在北侧，有的南侧还设运动场，主要用于种鸡饲养，但利用率较低。

③中走道双列式：两边为饲养区，中间设走道，利用率较高，比较经济，但对有窗鸡舍，开窗困难。

④双走道双列式：在鸡舍南北两侧各设一走道，配置一套饲喂设备和一套清粪设备即可，利于开窗。

（2）笼养鸡舍平面布置。根据笼架配置和排列方式上的差异，笼养鸡舍的平面布置分为：

①二列三走道：仅布置两列鸡笼架，靠两侧纵墙和中间共设三个走道，适用于阶梯式、叠层式和混合式笼养。

②三列二走道：一般在中间布置三或二阶梯全笼架，靠两侧纵墙布置阶梯式半笼架。

③三列四走道：布置三列鸡笼架，设四条走道，是较为常用的布置方式，建筑跨度适中。

2. 平面尺寸确定

平面尺寸主要是指鸡舍跨度和长度，它与鸡舍所需的建筑面积有关。

(1)鸡舍跨度确定。

平养鸡舍的跨度＝饲养区总宽度＋走道总宽度

笼养鸡舍的跨度＝鸡笼架总宽度＋走道总宽度

一般平养鸡舍的跨度容易满足建筑要求，笼养鸡舍跨度与笼架尺寸及操作管理需要的走道宽度有关。

(2)鸡舍长度确定。

主要考虑饲养量、饲喂设备和清粪设备的布置要求及其使用效率、场区的地形条件与总体布置。

(三)禽舍内部设施

1. 饲养与供水设备

(1)饲养笼具分为育雏笼、蛋鸡笼、种鸡笼 3 种。

①育雏笼：常用的育雏笼是 4 层或 5 层。笼具用镀锌铁丝网片制成，由笼架固定支撑，每层笼间设承粪板。此种育雏笼具有结构紧凑、占地面积小、饲养密度大，对于整室加温的鸡舍使用效果不错。

②蛋鸡笼：我国目前生产的蛋鸡笼多为 3 层全阶梯或半阶梯组合方式，由笼架、笼体和护蛋板组成，每小笼饲养 3～4 只鸡。

③种鸡笼：可分为蛋用种鸡笼和肉用种鸡笼，从配置方式上又可分为 2 层和 3 层。种鸡笼与蛋鸡笼结构相似，尺寸稍大，笼门较宽阔，便于抓鸡进行人工授精。

(2)供料设备包括料塔、输料机、喂料设备。

①料塔：用于大、中型机械化鸡场，主要用作短期储存干粉状或颗粒状配合饲料。

②输料机：是料塔和舍内喂料机的连接纽带，将料塔或储料间的饲料输送到舍内喂料机的料箱内。输料机有螺旋弹簧式、螺旋叶片式、链式。目前使用较多的是前两种。

③喂料设备：常用的喂饲机有螺旋弹簧式、索盘式、链板式和轨道车式 4 种。

(3)供水设备

①饮水器的种类有以下 3 种。

A. 乳头式：乳头式饮水器有锥面、平面、球面密封型 3 大类。乳头式饮水设备适用于笼养和平养鸡舍给成鸡或两周龄以上雏鸡供水。

B. 吊塔式：又称普拉松饮水器，靠盘内水的重量来启闭供水阀门，即当盘内无水时，阀门打开，当盘内水达到一定量时，阀门关闭。主要用于平养鸡舍。

C. 水槽式：水槽一般安装于食槽上方，整条水槽内保持一定水位供鸡只饮用。

②供水系统：乳头式、吊塔式饮水器要与供水系统配套，供水系统由过滤器、减压装置和管路等组成。

(四)环境控制设备

1. 降温设备

(1)湿帘—风机降温系统。该系统由湿帘、风机、循环水路与控制装置组成。具有设备简单，成本低廉，降温效果好，运行经济等特点，比较适合高温干燥地区。湿帘—风机降温系统是目前最成熟的蒸发降温系统。

(2)喷雾降温系统。用高压水泵通过喷头将水喷成直径小于 100 微米雾滴，雾滴在空气中迅速汽化而吸收舍内热量使舍温降低。常用的喷雾降温系统主要由水箱、水泵、过滤器、喷头、管路及控制装置组成，该系统设备简单，效果显著，但易导致舍内湿度过高和淋湿鸡羽毛，影响生产。

2. 采暖设备

(1)保温伞。保温伞适用于平面饲养育雏期的供暖，分电热式和燃气式两类。

①电热式：伞内温度由电子控温器控制，可将伞下距地面5厘米处的温度控制在 26～35℃ 之间，温度调节方便。

②燃气式：可燃气体在辐射器处燃烧产生热量，通过保温反射罩内表面的红外线涂层向下反射远红外线，以达到提高伞下温度的目的。燃气式保温伞内的温度可通过改变悬挂高度来调节。育雏室内应有良好的通风条件，以防由于不完全燃烧产生一氧化碳而使雏鸡中毒。

(2)热风炉。热风炉有卧式和立式两种。送风升温快，热风出口温度为 80～120℃，比锅炉供热成本降低 50% 左右，使用方便、安全，是目前推广使用的一种采暖设备。可根据鸡舍供热面积选用不同功率热风炉。

3. 通风设备

(1)轴流风机。主要由外壳、叶片和电机组成。轴流风机风向与轴平行，具有风量大、耗能少、噪声低、结构简单、安装维修方便、运行可靠等特点，既可用于送风，也可用于排风。

(2)离心风机。主要由蜗牛形外壳、工作轮和机座组成。这种风机工作时，空气从进风口进入风机，旋转的带叶片工作轮形成离心力将其压入外壳，然后再沿着外壳经出风口送入通风管中。多用于畜舍热风和冷风输送。

4. 照明设备

(1)人工光照设备。包括白炽灯和荧光灯。

(2)照度计。可以直接测出光照强度的数值。由于家禽对光照的反应敏感，禽舍内要求的照度比日光低得多，应选用精确的仪器。

(3)光照控制器。其基本功能是自动启闭禽舍照明灯，利用定时器的多个时间段自编程序功能，实现精确控制舍内光照时间。

5. 清粪设备

(1)刮板式清粪机。用于网上平养和笼养,安置在鸡笼下的粪沟内。每开动一次,刮板做一次往返移动,刮板向前移动时将鸡粪刮到鸡舍一端的横向粪沟内,返回时,刮板上抬空行。横向粪沟内的鸡粪由螺旋清粪机排至舍外。

(2)输送带式清粪机。适用于叠层式笼养鸡舍清粪,主要由电机和链传动装置,主、被动辊、承粪带等组成。承粪带安装在每层鸡笼下面,启动时由电机、减速器通过链条带动各层的主动辊运转,将鸡粪输送到一端,被端部设置的刮粪板刮落,从而完成清粪作业。

(五)卫生防疫设备

1. 多功能清洗机

具有冲洗和喷雾消毒两种用途,使用 220 伏电源作动力,适用于禽舍、孵化室地面冲洗和设备洗涤消毒。具有体积小、耐腐蚀、使用方便等优点。

2. 禽舍固定管道喷雾消毒设备

是一种用机械代替人工喷雾的设备,主要由泵组、药液箱、输液管、喷头组件和固定架等构成。2～3 分钟即可完成整个禽舍消毒工作,药液喷洒均匀。在夏季与通风设备配合使用,还可降低舍内温度 3～4℃,配上高压喷枪还可作为清洗机使用。

3. 火焰消毒器

利用煤油燃烧产生的高温火焰对禽舍设备及建筑物表面进行消毒。但不可用于易燃物品的消毒,使用过程中注意防火。

模块三　养殖场的卫生控制与消毒处理

随着集约化、商品化生产的发展，畜禽群体增大，数量增多，全部集中饲养，生活环境和条件有了很大改变，如密度增加，畜禽接触机会就会增多；湿度增大，粪便堆积发酵使有害气体生成多，通风和保持适宜温度相矛盾等，均可使畜禽机体抵抗力下降，病原体种类和数量增多，极易导致疾病的发生。因此，养殖场环境条件的控制与畜禽疾病的发生密切相关。

第一节　新型消毒药的使用

一、新型消毒药品的种类

（一）卤素类

1. 速效碘

速效碘是一种新的含碘消毒药液，具有广谱速效、无毒、无刺激、无腐蚀性的优点，并有清洁功能，对人畜无害，可用于猪舍、畜体消毒。Ⅰ型速效碘如用于猪舍消毒，可配制成 $300\sim400$ 倍稀释液；用于饲槽消毒，可配成 $350\sim500$ 倍稀释液；杀灭口蹄疫病毒，可配成 $100\sim150$ 倍稀释液。

2. 复合碘溶液

复合碘溶液是碘、碘化物与磷酸配置而成的水溶液，含碘 $1.8\%\sim2.2\%$，呈褐红色黏稠液体，无特异刺激性臭味，有较强的杀菌消毒作用，对大多数细菌、霉菌和病毒有杀灭作用，可用于动物舍、孵化器、用具、设备及饲饮器具的喷雾或浸泡消毒。

3. 三氯异氰尿酸

三氯异氰尿酸为白色结晶粉末，有效氯含量为 85％ 以上，有强烈的氯气刺激气味，在水中溶解度为 1.2％，遇酸遇碱易分解，是一种极强的氯化剂和氧化剂，具有高效、广谱、安全等特点。三氯异氰尿酸常用于对环境、饮水、饲槽等消毒。饮水消毒时浓度为 4～6 毫克/升，喷洒消毒时浓度为 200～400 毫克/升。

4. 二氯异氰尿酸钠

二氯异氰尿酸钠为白色结晶粉末，有氯臭，含有效氯 60％，性能稳定，室内保存半年后有效氯含量仅降低 1.6％，易溶于水，溶液呈弱酸性；水溶液稳定性较差。二氯异氰尿酸钠为新型高效消毒药，对细菌繁殖体、芽孢、病毒、真菌孢子均有较强的杀菌作用。饮水消毒时浓度为 0.5 毫克/升，用具、车辆、畜舍消毒时含有效氯浓度为 50～100 毫克/升。

（二）醛类

1. 戊二醛

戊二醛是带有刺激性气味的无色透明油状液体，属高效消毒剂，具有广谱、高效、低毒、对金属腐蚀性小、受有机物影响小、稳定性好等特点。适用于医疗器械和耐湿忌热的精密仪器的消毒与灭菌。其灭菌浓度为 2％，市售戊二醛主要有 2％ 碱性戊二醛和 2％ 强化酸性戊二醛两种。碱性戊二醛常用于医疗器械灭菌，使用前应加入适量碳酸氢钠，摇匀后，静置 1 小时，测定 pH。pH 为 7.5～8.5 时，戊二醛的杀菌作用最强。戊二醛杀菌是其单体的作用，当溶液的 pH 达到 6 时，这些单体有聚合的趋势，随 pH 上升这种聚合作用极迅速，溶液中即可出现沉淀，形成聚合体后会失去杀菌作用。因此，碱性戊二醛是一种相对不稳定的消毒液。2％ 强化酸性戊二醛是以聚氧乙烯脂肪醇醚为强化剂，有增强戊二醛杀菌的作用。它的 pH 低于 5，对细菌芽孢的杀灭作用较碱性戊二醛弱，但对病毒的灭活作用较碱性戊二醛强，稳定性较碱性戊二醛好，可连续使用28天。

2. 固体甲醛

固体甲醛属新型熏蒸消毒剂，是甲醛溶液的换代产品。消毒时将干粉置于热源上即可产生甲醛蒸气。该药使用方便、安全，一般用药量为3.5克/立方米，保持湿热，温度24℃以上，相对湿度75%以上。

3. 聚甲醛

聚甲醛为甲醛的聚合物，具有甲醛特臭的白色疏松粉末，在冷水中溶解缓慢，热水中很快溶解，溶于稀碱和稀酸溶液。聚甲醛本身无消毒作用，常温下缓慢解聚，放出甲醛气体呈杀菌作用。如加热至80～100℃时很快产生大量甲醛气体，呈现强大的杀菌作用。聚甲醛主要用于环境熏蒸消毒，常用量为3～5克/立方米，消毒时间不少于10小时。消毒室内温度应在18℃以上，湿度最好在80%～90%。

二、新型消毒药品的作用机理和使用注意事项

（一）作用机理

新型消毒药种类多，作用机理各不相同，归纳起来有以下3种。

（1）使菌体蛋白质变性、凝固，发挥抗菌作用。例如，酚类、醇类、醛类消毒剂。

（2）改变菌体浆膜通透性，有些药物能降低病原微生物的表面张力，增加菌体浆膜的通透性，引起重要的酶和营养物质漏失，使水向内渗入，使菌体溶解或崩解，从而发挥抗菌作用。例如表面活性剂等。

（3）干扰病原微生物体内重要酶系统，抑制酶的活性，从而发挥抗菌作用。例如重金属盐类、氧化剂和卤素类。

（二）注意事项

（1）疫点的消毒要全面、彻底，不要遗漏任何一个地方、一

个角落。

（2）根据病原微生物的抵抗力和消毒对象的性质和特点不同，选用不同消毒剂和消毒方法，如对饲槽、饮水器消毒应选择对动物无毒、刺激小的消毒剂；对地面、道路消毒可选择消毒效果好的氢氧化钠消毒，可不考虑刺激性、腐蚀性等因素；对小型用具可采取浸泡消毒；对耐烧的设备可采取火焰灼烧等。

（3）要运用多种消毒方法，如清扫、冲洗、洗刷、喷洒消毒剂、熏蒸等进行消毒，确保消毒效果。

（4）喷洒消毒剂和熏蒸消毒，一定要在清扫、冲洗、洗刷的基础上进行。

（5）消毒时应注意人员防护。

（6）消毒后要进行消毒效果监测，了解消毒效果。

第二节　疫点消毒

一、疫点的划分原则及消毒措施

疫点：即患病动物所在地点，一般是指患病动物所在的圈舍、饲养场、村屯、牧场或仓库、加工厂、屠宰厂（场）、肉类联合加工厂、交易市场等场所，以及车、船、飞机等。如果为农村散养户，应将患病动物所在自然村划为疫点。

疫区：是指以疫点为中心一定范围的地区。

受威胁区：是指自疫区边界外延一定范围的地带。

疫点、疫区、受威胁区的范围，由畜牧兽医主管部门根据规定和扑灭疫情的实际需要划定，其他任何单位和个人均无此权力。

1. 对疫点应采取的措施

（1）扑杀并销毁动物和易感染的动物产品。

（2）对病死的动物、动物排泄物，被污染饲料、垫料、污水进行无害化处理。

（3）对被污染的物品、用具、动物圈舍、场地进行严格消毒。

2. 对疫区应采取的措施

(1)在疫区周围设置警告标志,在出入疫区的交通路口设置临时动物检疫消毒站,对出入的人员和车辆进行消毒。

(2)扑杀并销毁染病和疑似染病动物及其同群动物,销毁染病和疑似染病的动物产品,对其他易感染的动物实行圈养或者在指定地点放养,役用动物限制在疫区内使役。

(3)对易感染的动物进行监测,并按照国务院兽医主管部门的规定实施紧急免疫接种,必要时对易受感染的动物进行扑杀。

(4)关闭动物及动物产品交易市场,禁止动物进出疫区和动物产品运出疫区。

(5)对动物圈舍、动物排泄物、垫料、污水和其他可能受污染的物品、场地,进行消毒或者无害化处理。

3. 对受威胁区应采取的措施

(1)对易感染的动物进行监测。

(2)对易感染的动物根据需要实施紧急接种。

二、终末消毒

终末消毒,即传染源离开疫源地后进行的彻底消毒。发生传染病后,待全部患病动物处理完毕,即当全部患病动物痊愈或最后一只患病动物死亡后,经过 2 周再没有新的病发生,在疫区解除封锁之前,为了消灭疫区内可能残留的病原体所进行的全面彻底的大消毒。

通过物理或化学方法消灭停留在不同的传播媒介物上的病原体,借以切断传播途径,阻止和控制传染的发生。其目的包括以下几点。

(1)防止病原体播散到社会中,引起流行病发生。

(2)防止病畜再被其他病原体感染,出现并发症,发生交叉感染。

(3)同时也保护防疫人员免疫感染。

第三节　驱虫

一、皮屑溶解法检查螨虫

(一)病料的采取

螨类主要寄生于家畜的体表或表皮内,因此在诊断螨病时,必须刮取患部的皮屑,经处理后在显微镜下检查有无虫体和虫卵,这样才能做出准确的诊断。刮取皮屑时,应在患病皮肤与健康皮肤的交界处进行刮取,因为这里螨虫最多。刮取时先将患部剪毛,用碘酒消毒,将凸刃外科刀在酒精灯上消毒,然后在刀刃上蘸一些水、煤油、5%氢氧化钠溶液、50%甘油生理盐水等,用手握刀,使刀刃与皮肤表面垂直,尽力刮取皮屑,一直刮到皮肤有轻微出血。将刮取物盛于平皿或试管内供镜检。切不可轻轻地刮取一些皮肤污垢供检查,这样往往检不到虫体而造成误诊。

对蠕形螨的病料采取,要用力挤压病变部,挤出病变内的脓液,然后将脓液摊于载玻片上检查。

(二)皮屑的检查法

为了确诊螨病而检查患部的皮屑刮取物,一般有两种检查法,即死虫检查法和活虫检查法。死虫检查只能找到死的螨类,这在初步确立诊断时有一定的意义;活虫检查可以发现有生活能力的螨类,可以确定诊断和检查用药后的治疗结果。

1. 皮屑内活虫检查法

(1)直接检查法:在刮取皮屑时,刀刃蘸上50%甘油生理盐水溶液或液体石蜡或清水,用力刮取,将黏在刀刃上的带有血液的皮屑物直接涂擦在载玻片上,置显微镜下检查。如果是螨病,可看到有活的螨类虫体在活动。

(2)温水检查法:将患部刮取物浸于40~45℃的温水内,置恒温箱内(40℃)20~30分钟。然后倒于玻璃表面上,在显微镜下观察。由于温热的作用，虫体即由皮屑中爬出来，集合成团并沉于水底，很容易看到大量活动的螨虫。

(3)油镜检查法：本法主要用于螨病治疗后的效果检查，察看用药后虫体是否被杀死。主要是用油镜检查螨内淋巴液有无流动的情况。检查时，将少许新鲜刮取的皮屑置于载玻片中央，滴加 1 或 2 滴 10%～15% 的苛性钾(钠)溶液，不加热直接加上盖玻片并轻轻地按压，使检料在盖玻片下均匀地扩散成薄层。用低倍镜检查虫体后，更换油镜检查。如果是活的虫体，能在前肢和后肢系基部以及更远的部位、虫体的边缘明显地看到淋巴包含液体在相互沟通的腔内迅速地移动；如果是死的虫体，这些淋巴则完全不动。

2. 皮屑内死虫检查法

(1)煤油浸泡法：将少许刮取的皮屑物放在载玻片上，滴加几滴煤油(煤油有使皮屑迅速透明的作用)，用另一片载玻片盖上，并捻压搓动两片载玻片，使病料散开、粉碎，然后用实体镜(或扩大镜)和显微镜低倍镜检查。

(2)沉淀检查法：将由病变部位刮下的皮屑物放在试管内，加 10% 的苛性钠(钾)溶液在酒精灯上加热煮沸数分钟或不煮沸而静置 2 小时(或离心沉淀 5 分钟)，经沉淀后，吸取沉渣，进行镜检。在沉淀物中往往可以找到成虫、若虫、幼虫或虫卵。

二、血液涂片法检查原虫

血液内的寄生性原虫主要有伊氏锥虫、梨形虫(焦虫)和住白细胞虫。检查血液内的原虫多在耳静脉或颈静脉采取血液，制作血液涂片标本，经染色，用显微镜检查血浆或细胞内有无虫体。同时，为了观察活虫也可用压滴标本检查法。

(一)鲜血压滴标本检查法

本法主要用于对伊氏锥虫活虫的检查，在压滴的标本内，可以很容易观察到虫体的活动。将采集的血液少许滴在洁净的载玻片上，加上等量的生理盐水与血液混合，加上盖玻片，置于显微镜下用低倍镜检查，发现有活动的虫体时，再换高倍镜检查。在气温低的情况下检查时，可在酒精灯上稍微加温或将载玻片放在手背上，经加温后可以保持虫体的活力。由于虫体未经染色，检查时如果使视野的光线调成弱光，则易于观察虫体。

（二）涂片染色标本检查法

本法是临床上最常用的血液原虫的病原检查法。采血多在耳尖，有时也可在颈静脉。将新鲜血滴少许于载玻片一端，以常规方法推成血片，干燥后，滴甲醇 2 或 3 滴于血膜上，待甲醇自然干燥固定后用姬姆萨氏或瑞氏液染色，用油镜检查。涂片染色法适用于对各种血液原虫的检查。

（三）集虫检查法

当家畜血液内虫体较少时，用上述方法检查病原比较困难，甚至有时常能得出阴性结果，出现误诊。为此，临床上常用集虫法，将虫体浓集后再做相应的检查，以提高诊断的准确性。其方法是：在离心管内先加 2% 柠檬酸钠生理盐水 3～4 毫升，再采取被检动物血液 6～7 毫升，充分混合后，以 500 转每分钟离心 5 分钟，使其中大部分红细胞沉降；而后将红细胞上面的液体用吸管吸至另一离心管内，并在其中补加一些生理盐水，再以 2500 转每分钟离心 10 分钟，即可得到沉淀物。用此沉淀物做涂片、染色、镜检，可以比较容易地找到虫体。

本法适用于对伊氏锥虫和梨形虫病的检查，其原理：由于锥虫及感染有虫体的红细胞比正常红细胞的密度小，当第一次离心时，正常红细胞下降，而锥虫或感染有虫体的红细胞尚悬浮在血浆中；第二次较高速的离心则将感染虫体的红细胞浓集于管底。

三、粪便涂片法检查球虫

这种方法用以检查蠕虫卵、原虫的包囊和滋养体。方法简便，连续做 3 次涂片，可提高检出率。

(一)球虫检查

(1)活滋养体检查：涂片应较薄，方法同粪便涂片方法。气温越接近体温，滋养体的活动越明显。必要时可用保温台保持温度。

(2)包囊的碘液染色检查：直接涂片，方法同粪便涂片方法，以1滴碘液代替生理盐水。如果碘液过多，可用吸水纸从盖玻片边缘吸去过多的液体。如果同时需要检查活滋养体，可用生理盐水涂匀载坡片，在其上滴1滴碘液，取少许粪便在碘液中涂匀，再盖上盖片。涂片染色的一半查包囊，未染色的一半查活滋养体。

(3)碘液配方：碘化钾4克，碘2克，蒸馏水100毫升。

(二)粪便涂片方法

滴1滴生理盐水于洁净的载玻片，用棉签棍或牙签挑取绿豆大小的粪便块，在生理盐水中涂抹均匀。涂片的厚度以透过涂片约可辨认书上的字迹为宜。一般在低倍镜下检查，如用高倍镜观察，则需要加盖玻片。

四、驱虫药物的选择

好的驱虫药应该具有以下特点：

1. 广谱

能驱杀各类寄生虫和对寄生虫的不同生长阶段都敏感。

2. 低毒

对宿主无毒副作用或毒副作用极低。

3. 高效

临床上使用少量的药物就有很好的驱杀效果。

4. 价廉，驱虫成本低

5. 无"三致"作用

不产生致癌、致畸、致突变作用。

6. 使用方便

最好通过混饲给药，并能在生产的任何阶段使用。

7. 适口性好

通过拌料方式给药不影响动物的适口性和采食量。

第四节　给药

一、药物的配伍禁忌

凡是两种或两种以上的药物配伍时，各药物之间由于相互作用或通过机体代谢与生理机能的影响，而造成使用不便、减低或丧失疗效甚至增加毒性的变化，称为配伍禁忌。兽医在开写处方和使用药物时应当注意这个问题；药剂人员在发药时，也要认真审核处方，以免发生医疗事故。配伍禁忌可分为化学性配伍禁忌、物理性配伍禁忌和药理性配伍禁忌。

（一）化学性配伍禁忌

某些药物配伍时会发生化学变化，导致药物作用变化，使疗效减小或丧失，甚至产生毒性物质。化学变化一般呈沉淀、变色、产气、燃烧或爆炸等现象，但也有一些化学变化难以从外观看出来，如水解等。化学变化不但改变了药物的性状，更重要的是使药物失效或增加毒性，甚至引起燃烧或爆炸等危险。常见的化学配伍禁忌有如下几种现象。

（1）发生沉淀：两种或两种以上的液体配合在一起时，各成分之间发生化学变化，生成沉淀。例如，葡萄糖酸钙与碳酸盐、水杨酸盐、苯甲酸钠、乙醇配伍，安钠咖与氯化钙、酸类、碱类药物配伍时，会发生沉淀等。

（2）产生气体：在配制过程中或配制后放出气体，产生的气体可冲开瓶塞，使药物喷出，药效改变，甚至容器爆炸等现象。例如，碳酸氢钠与酸类、酸性盐类配合时，就会发生中和、产生气体等。

（3）变色：变色是由于药物间发生化学变化，或受光、空气影响而引起。变色可影响药效，甚至使药完全失效。易引起变色的有亚硝酸盐类、碱类和高铁盐类，例如碘及其制剂与鞣酸配合会发生脱色，与含淀粉类药物配合则呈蓝色。

（4）燃烧或爆炸：燃烧或爆炸多由强氧化剂与还原剂配合所引起。例如，高锰酸钾与甘油、糖与氧化剂、甘油和硝酸混合或一起研磨时，均易发生不同程度的燃烧或爆炸。

①强氧化剂有高锰酸钾、过氧化氢、漂白粉、氯化钾、浓硫酸、浓硝酸等。

②还原剂有各种有机物质、活性炭、硫化物、碘化物、磷、甘油、蔗糖等。

（二）物理性配伍禁忌

某些药物配伍时，由于物理性状的改变而引起药物调配和临床应用困难、疗效降低称为物理性配伍禁忌。物理性状的改变常表现为分离、析出、潮解、液化。

（三）药理性配伍禁忌

指两种以上药物配伍时，药理作用互相抵消或毒性增强。

在一般情况下，用药时应避免配伍禁忌。但在特殊情况下，有时可依配伍禁忌作为药物中毒后的解毒原理。例如，在生物碱内服中毒时，服用鞣酸等进行解毒；又如，将水合氯醛与咖啡因配合应用来减少水合氯醛对延脑和心脏的副作用。

二、气管、胸腔注射投药的部位和方法

（一）胸腔注射法

（1）部位：对于猪，左侧在第 6 肋间，右侧在第 5 肋间；对于牛、羊，左侧在第 6 或第 7 肋间，右侧在第 5 或第 6 侧肋间；对于马、骡，左侧在第 7 或第 8 肋间，右侧在第 5 或第 6 肋间；对于犬，左侧在第 7 肋间，右侧在第 6 肋间。注射一律选择于胸外静脉上方 2 厘米处。

（2）方法：将动物站立保定，术部剪毛、消毒。术者左手将

术部皮肤稍向前方拉动1～2厘米，以便使刺入胸膜腔的针孔与皮肤上的针孔错开，右手持连接针头的注射器，在靠近肋骨前缘处垂直于皮肤刺入(深度约3～5厘米)。针头通过肋间肌时有一定阻力，进入胸膜腔时阻力消失，有空虚感。注入药液(或吸取胸腔积液)后，拔出针头，使局部皮肤复位，术部消毒。

(二)气管注射法

(1)部位：颈部上段腹侧面的正中，可明显触到气管，在两气管环之间进针。

(2)方法：猪、羊采取仰卧保定，牛、马采取站立保定，使其前躯稍高于后躯。术部剪毛、消毒后，术者左手触摸气管并找准两气管环的间隙，右手持连有针头的注射器，垂直刺入气管内，然后缓慢注入药液。如果操作中动物咳嗽，则要停止注射，直至其平静后再继续注入。注射完拔出针头，术部消毒即可。

模块四　猪的生产技术

第一节　猪的品种识别

人类目前饲养的家猪是由野猪经过长期驯化而来的。随着人们生产经验的积累、社会经济条件的提升和人们对猪肉产量和品质的需求变化，经过长期自然和人工选择，家猪出现了一些生产性能较高，适应于当地自然气候特点，具有某些外貌特征和生产特性的类群，并逐渐形成品种。

一、我国主要地方品种

我国在 20 世纪 80 年代初完成的猪种资源普查，被认可后公布的猪地方品种有 118 个。1986 年出版的《中国猪品种志》将地方种归纳为 48 个，2012 年出版的《中国畜禽遗传资源志·猪志》认定 76 个，占世界猪品种数的 1/3。特殊的生产条件、文化背景及地理环境使中国猪种存在其他猪种没有或很少的基因或基因组，对世界猪的遗传育种研究和生产实践具有独特的作用。

（一）我国地方猪种分类

我国地方猪种按其外貌特征、生产性能、当地自然地理特征、农业生产情况等自然条件和移民等社会条件，大致可分为华北型、华南型、华中型、江海型、西南型和高原型 6 大类型。

（1）华北型（5 个）：华北型猪主要分布在秦岭—淮河以北地区，包括东北、华北、内蒙古、甘肃、新疆、宁夏以及陕西、湖北、安徽、江苏等地的北部地区，山东、四川、青海部分地区。该区域内冬季气候较寒冷、干燥，饲养粗放，因而猪的体质强健、体躯高大、四肢粗壮、背腰狭窄，为适应冬季寒冷的气候特点，皮厚多皱、毛粗密、鬃毛发达、毛色多为全黑。主要猪种有东北民猪、黄淮海黑猪、汉江黑猪、沂蒙黑猪、八眉猪等。

(2)华南型(9个)：华南型猪主要分布在南岭与珠江流域以南，包括云南的西南及南部边缘，广西、广东偏南的大部分地区及福建的东南和我国台湾地区。该区属亚热带气候，雨水充足、饲料丰富。该类型猪的体躯呈短、矮、宽、圆的特点，皮薄毛稀、鬃毛较少，毛色多为黑色或黑白花，体质疏松腹下垂，背腰宽阔而多下凹，繁殖力低，性成熟和体成熟较早。主要猪种有香猪、隆林猪、桃园猪、五指山猪、粤东黑猪等。

(3)江海型(7个)：江海型猪主要分布在淮河与长江之间，包括汉水、长江中下游和沿海平原地区，以及秦岭和大巴山之间的汉中盆地。该区域交通发达、农业丰产、饲料类型丰富，多为舍饲，因此该地区猪种复杂。江海型猪体形、外貌、生产性能处于华北、华中过渡带且差异较大，毛色为黑色或有少量白斑，以繁殖力高而著称。主要猪种有太湖猪、姜曲海猪、虹桥猪、阳新猪、圩猪等。

(4)华中型(19个)：华中型猪主要分布在长江和珠江之间，这一地区属亚热带气候，温暖、雨量充足、自然条件较好，以水稻种植为主，精料和多汁饲料也很丰富，精料中富含蛋白质的饲料较多，有利于猪的生长发育。这一地区猪与华南型猪在体形和生产性能上较相似，体质疏松，背较宽且多下凹、四肢短、腹大下垂、体躯较华南型大，毛稀且多为黑白花。生长较快、肉质较好是该类型猪的主要生产特点。主要猪种有金华猪、大花白猪、宁乡猪、院南花猪等。

(5)西南型(7个)：西南型猪主要分布在云贵高原和四川盆地，这一区域气候温和、农业生产发达，是水稻、小麦、玉米、豆类的主要产区。猪外形特点是头大、腿较粗短；毛以金黑，少数为黑白花或红毛猪。主要猪种有内江猪、荣昌猪、乌金猪(红毛)等。

（6）高原型（1 个）：高原型猪分布在青藏高原，高寒气候，饲料缺乏，终年放牧饲养。猪体形较小、体质紧凑、四肢发达、嘴尖长而直、皮厚毛长、鬃长发达且生有绒毛。主要猪种为藏猪。

（二）我国优良地方猪种

（1）太湖猪：太湖猪分布于长江中下游，江苏、浙江和上海交界的太湖流域。共有 7 个类群。其中，产于嘉定县的称为"梅山猪"，产于松江县的称为"枫泾猪"，产于嘉兴、平湖县的称为"嘉兴黑猪"，产于武进和靖江县的称为"二花脸猪"。还有"横径猪""米猪""沙乌头猪"，从 1974 年起统称"太湖猪"。

太湖猪体形中等，各类群间有差异。以梅山猪较大，骨较粗壮，头大额宽，额部皱褶多、深，耳特大，近似三角形，软而下垂，耳尖齐或超过嘴角，形似大蒲扇；背腰宽平或微凹，腹大下垂；四肢稍高，大腿欠丰满；全身被毛稀疏，腹部更少，被毛黑色或青灰色，梅山猪的四肢末端为白色，俗称"四白脚"，也有尾尖为白色的；后躯皮肤有皱褶，随着身体肥度的增强而逐渐消失。乳头一般为 8～9 对（见图 4-1）。

图 4-1　太湖猪

太湖猪以高繁殖力著称，是目前已知猪品种中产仔数最多的一个品种，经产母猪每胎产仔 15 头左右，泌乳力高，母性好。成熟早，肉质好，性情温驯，易于管理。7～8 个月体重可达 75 千克，屠宰率为 65%～70%，胴体瘦肉率为 40%～45%。太湖猪分布范围广，数量多，品种内类群结构丰富，有广泛的遗传基础。肉色鲜红，肌肉内脂肪较多，肉质好。但肥育时生长速度慢，胴体中皮的比例高，瘦肉率偏低。今后应加强本品种选育，适当提高瘦肉率，进一步探索更好的杂交组合，在商品瘦肉猪生产中发挥更大的作用。

(2)金华猪：金华猪原产于浙江省金华市的东阳县，分布于浦江、义乌、金华、永康等县。金华猪体形中等偏小。额有皱纹，耳中等大、下垂，颈短粗，背微凹，腹大微下垂，臀较倾斜，四肢细短；毛色以中间白、两头黑为特征，即头颈和臀尾为黑皮黑毛，体躯中间为白皮白毛，在黑白交界处有黑皮白毛的"晕带"，因此又称"两头乌"猪。金华猪按头型可分为寿字头型、老鼠头型和中间头型 3 种，现称大、中、小型。寿字头型体形稍大，额部皱纹较多而深，结构稍粗。老鼠头型个体较小，嘴筒窄长，额部较平滑，结构细致。中间型则介于两者之间，体形适中，头长短适中，额部有少量浅的皱纹，是目前产区饲养最广的一种类型(见图 4-2)。

图 4-2　金华猪

金华猪繁殖力高，一般产仔 14 头左右，母性好，护仔性强，但仔猪出生重较小；在一般饲养条件下，肥育猪 8～9 月龄体重 63～76 千克，日增重 300 克以上。肥育猪在育肥后期生长较慢，饲料转化率较低。金华猪性成熟早，繁殖力高，早熟易肥，屠宰率高，皮薄骨细，肉质细嫩，肥瘦比例恰当，瘦中夹肥，五花明显，但后腿欠丰满。著名的金华火腿就是由金华猪的大腿加工而成。

（3）民猪：民猪原产于东北和华北部分地区，现分布于东北三省、华北及内蒙古地区。按体形大小及外貌特点可分为大、中、小3种类型。体重150千克以上的大型猪称大民猪；体重95千克左右的中型猪称二民猪；体重65千克左右的小型猪称荷包猪。目前的民猪多属于中型猪，头中等大，嘴鼻直长，额部有纵行皱纹，耳大下垂；体躯扁平，背腰狭窄稍臀部倾斜，腹大下垂，四肢粗壮；被毛全黑，冬季密生绒毛，鬃毛发达，飞节侧面有少量皱褶。乳头7～8对（见图4-3）。

图 4-3　民猪

民猪性成熟早，母猪4月龄左右时出现初情期，母猪发情征象明显，配种受胎率高；分娩时不让人接近，有极强的护仔性。初产母猪产仔数11头左右，经产母猪13头左右。民猪有较好的耐粗饲性和抗寒能力，在较好的饲养条件下，8月龄体重可达90千克，屠宰率为72%左右，胴体瘦肉率为46%左右。

民猪是我国东北和华北广大地区在寒冷条件下育成的一个历史悠久的地方种猪。它具有繁殖力高，护仔性强、抗寒能力强、体质健壮、脂肪沉积能力强和肉质好等特点，与其他品种杂交均获得良好效果。新金猪、吉林黑猪、哈白猪和三江白猪等都是用民猪与其他猪种杂交培育而成。

(4)荣昌猪：荣昌猪主产于重庆荣昌和四川隆昌两县，后扩大到永川、泸州、合江、纳溪、大足、铜梁、江津、璧山等。荣昌猪体形较大，被毛除两眼周围或头部有大小不等的黑斑外，其余均为白色，是我国地方猪种中少有的白色猪种之一。荣昌猪头大小适中，面微耳中等大、下垂，额部皱纹横行，有旋毛，体躯较长，发育匀称，背腰微腹大而深，臀部稍倾斜，四肢细致，结实，鬃毛洁白、刚韧。乳头 6～7 对(见图 4-4)。

图 4-4　荣昌猪

荣昌猪平均日增重 488～623 克，以 7～8 月龄体重 80 千克左右出栏为宜，屠宰率为 69%，胴体瘦肉率为 42%～46%。荣昌猪肌肉呈鲜红或深红色，大理石纹清晰，分布较匀。初产母猪产仔数平均为 8.56 头，经产母猪产仔数平均为 11.7 头。荣昌猪的鬃毛，以洁白光泽、刚韧质优载誉国内外。荣昌猪以适应性强、杂交效果好、遗传性能稳定、胴体瘦肉率较高、肉质优良、鬃白质好等优良特性而驰名中外。1957 年，荣昌猪被载入英国出版的《世界家畜品种及名种辞典》，成为国际公认的宝贵猪种资源。

(5)香猪：香猪是中国小体型地方猪种。中心产区在贵州省从江县、三都县与广西环江县等，主要分布在贵州、广西两省（区）接壤的榕江、荔波、融水及雷山、丹寨等县。

香猪体躯矮小，毛色多为全黑色，有"六白"或"六白"不全的特征。头较直，耳小而薄，略向两侧平伸或稍下垂，体躯短，背腰宽，微腹大、丰圆、下垂，后躯较丰满，四肢短细，乳头5～6对（见图4-5）。

图4-5　香猪

香猪6月龄体高40厘米左右，体长60～75厘米，体重20～30千克，相当于同龄大型猪的1/5～1/4，平均日增重仅120～150克。成年公猪体重为37.4千克，母猪体重为40.0千克。母猪概数（整数）产仔数为4～6头。38.9千克育肥猪屠宰率为65.7％，胴体瘦肉率为46.75％。体重达30～40千克时为适宜屠宰期。

香猪早熟易肥，皮薄骨细，肉质鲜嫩，哺乳仔猪与断乳仔猪肉味香，无奶腥味和其他异味，加工成烤猪、腊肉，别具风味与特色。香猪是我国向微型猪方向发展，用作乳猪生产等很有前途的猪种与宝贵基因库。

（6）藏猪：藏猪产于青藏高原，主要分布于西藏的山南、昌都、拉萨，四川的阿坝、甘孜，云南的迪庆，甘肃的甘南藏族自治州及青海等地。藏猪被毛多为黑色，鬃毛长而密，被毛下密生绒毛；嘴筒长直，呈锥形；面窄，额部皱纹少。耳小而平直，便于转动。体小而短、胸狭，背腰平直或微弓，腹线平直；后躯高于前躯，臀部倾斜。四肢结实，蹄质坚实、直立；乳头多为5对（见图 4-6）。

图 4-6　藏猪

因饲养条件差，藏猪的生长发育极为缓慢，放牧条件下，成年公猪体重约 43 千克，成年母猪约 35 千克。6 月龄公猪体重为 14 千克，母猪 13 千克。屠宰率不超过 60%，但胴体瘦肉多，肉味香。藏猪多为放牧饲养，初产母猪产仔 4～5 头，3 胎后可达 6 头。出生仔猪体重 0.4～0.6 千克。藏猪适应高原气候和终年放牧的粗放饲养。

二、我国培育的猪种

新中国成立至今，我国养猪工作者和育种专家育成猪新品种、新品系 50 多个。这些培育品种（系）弥补了地方猪种的缺点，在体形、体长、体高、背膘及后躯发育等方面有明显改善，同时不同程度上也继承了地方猪种繁殖率高、肉质好和抗逆性强等各方面的优势。但由于育成的历史较短，培育品种（系）在选育程度上尚不及引入的国外品种，存在群体小、整齐度差及遗传不稳定等缺陷，因此在现代规模化养猪中使用不多。

（一）哈尔滨白猪

哈尔滨白猪简称哈白猪，是由民猪与约克夏猪、巴克夏猪杂交后形成杂种群进行选育，再引入苏白猪进行级进杂交后选育而形成。广泛分布于黑龙江省滨州、滨绥、滨北和特佳等铁路沿线。

哈白猪体形较大，全身被毛白色，头中等大小，两耳直立，面部微背腰平直，腹稍大但不下垂，腿臀丰满，四肢健壮，体质结实；乳头 7 对以上（见图 4-7）。

图 4-7　哈白猪

哈白猪公猪成年体重 222 千克，体长 149 厘米；母猪成年体重 176 千克，体长 139 厘米。据 380 窝初产母猪的统计，平均产仔数 9.4 头；1000 窝经产母猪统计平均产仔 11.3 头。屠宰率为 74%，膘厚 5 厘米，眼肌面积 30.81 平方厘米，后腿比例为 26.45%；90 千克屠宰胴体瘦肉率在 45% 以上。

哈白猪具有较强的抗寒、耐粗饲能力，肥育期生长速度快、耗料少，母猪产仔及哺乳性能好。因此与民猪、三江白猪以及产区其他品种杂交效果明显，在日增重和饲料利用率方面呈现较好的杂交优势。

（二）苏太猪

苏太猪是以二花脸和枫径猪为母本、杜洛克为父本，通过杂交选育而成，并于 1999 年通过国家家畜禽品种资源委员会审定。

苏太猪全身被毛黑色，耳中等大垂向前下方，头面有清晰的皱纹，嘴中等长而直，四肢结实，背腰平直，腹小，后躯丰满，身体各部位发育良好，瘦肉型猪特征明显（见图4-8）。

图4-8　苏太猪

苏太猪产仔多、生长速度快、瘦肉率高、耐粗饲、肉质鲜美。标准饲养管理条件下，肥育至90千克体重的日龄为178天，屠宰率为73%，平均背膘厚2.33厘米，胴体瘦肉率达56%。母猪平均乳头7对以上，初产母猪平均产仔11.68头，经产母猪平均产仔14.45头。苏太猪是生产瘦肉型商品猪比较理想的母本，以苏太猪为母本与大约克或长白公猪交配产生的杂种猪，瘦肉率可达60%，日增重750克以上。适宜于我国大部分地区饲养，适宜规模猪场和农户饲养。

（三）三江白猪

三江白猪主产于东北三江平原，黑龙江省东部合江地区境内。它是在当地特定条件下由民猪和来自英国、瑞典、法国的长白猪杂交选育而成的我国第一个瘦肉型猪种。

三江白猪被毛全白，毛丛稍密，头轻嘴直，耳下垂或稍前倾，背腰宽平，腿臀丰满；四肢粗壮，蹄质坚实；乳头7对，排列整齐（见图4-9）。

三江白猪继承了民猪在繁殖性能上的优点，性成熟早，初情期约在4月龄，发情征状明显，配种受胎率高。

图 4-9 江白猪

初产母猪平均产仔 10.2 头，经产 12.4 头。三江白猪 6 月龄后备公母猪体重分别为 85.55 千克、81.23 千克；成年公猪体重 250～300 千克，母猪 200～250 千克。

三江白猪具有生长快、饲料利用率高的特点，据测定标准饲养条件下，肥育猪达 90 千克需 182 天，20～90 千克平均日增重 600 克，每千克增重耗料不超过 3.5 千克。

三江白猪继承了民猪许多优良特性，对寒冷气候具有较强的适应性，对高温的亚热带气候也有较强的适应能力，并且在农场生产条件下饲养，表现出生长迅速、饲料消耗少、抗寒、胴体瘦肉多、肉质好等特点，与国外引入猪种和国内培育及地方品种均有较好的杂交配合力。

（四）北京黑猪

北京黑猪主要育成于北京国有双桥农场和北郊农场，集中分布于北京各区及郊县，并已经推广到河北、河南及山西等多个省。由巴克夏、中约克夏、苏联大白猪、新金猪、吉林黑竹猪、高加索猪等与华北型的本地猪进行广泛杂交猪群中，选留黑色种猪培育而成。

北京黑猪体质结实，结构匀称，全身被毛黑色。头中等大小，外形清秀，两耳向前上方直立或平伸，面微额宽，嘴筒直。颈肩结合良好，背腰平直且宽，腹部平直，四肢强健，腿臀丰满，背膘较薄，乳头一般 7 对以上（见图 4-10）。

图 4-10　北京黑猪

　　北京黑猪初产母猪 10.4 头/胎，经产母猪 12 头/胎，7.5 月龄可参加配种；育肥猪日增重 609 克，90 千克胴体瘦肉率为51.5%。抗病力强，耐粗饲，抗应激，生长快，6 月龄后备公、母猪体重分别为 90.1 千克和 89.55 千克，成年公、母猪体重约260 千克和 220 千克。

第二节　种猪的养殖技术

一、种公猪的饲养管理

　　俗话说"母猪好，好一窝；公猪好，好一坡"。种公猪的好坏对猪群的影响巨大，它直接影响后代的生长速度、胴体品质和饲料利用效率，因此养好公猪，对提高猪场生产水平和经济效益具有十分重要的作用。饲养种公猪的任务是使公猪具有强壮的体质，旺盛的性欲，数量多、品质优的精液。因此，应做饲养、管理和利用 3 个方面工作。

（一）种公猪的饲养

1. 公猪的生产特点

　　公猪的生产任务就是与母猪配种，公猪与母猪本交时，交配时间长，一般为 5～10 分钟，多的可达 20 分钟以上，体力消耗大。公猪射精量多，成年公猪一次射精量平均 250 毫升，多者可达 500 毫升。精液中干物占 2％～3％，其中 60％为蛋白质，其余为脂肪、矿物质等。

2. 公猪的营养需求

营养是维持公猪生命活动、生产精液和保持旺盛配种能力的物质基础。我国农业行业标准（NY／T 65－2004）中猪的饲养标准推荐的配种公猪的营养需要见表 4-1。

表 4-1 配种公猪每千克养分需要量

采食量（kg/天）	消化能（MJ/kg）	粗蛋白质（％）	能量蛋白比（kJ/％）	赖氨酸（％）	钙（K）	总磷（％）	有效磷（％）
2.2	12.95	13.5	959	0.55	0.70	0.55	0.32

能量对维持公猪的体况非常重要，能量过高或过低易造成公猪过肥或太瘦，使其性欲下降，影响配种能力。一般要求饲粮消化量水平不低于 12.95 兆焦/千克。

蛋白质是构成精液的重要成分，从标准中可见，确定的蛋白质为 13.5％，但生产中种公猪的饲粮蛋白质含量常常会达到 15％～16％。在注重蛋白质数量供给的同时，应特别注重蛋白质的质量，注意各种氨基酸的平衡，尤其是赖氨酸、蛋氨酸、色氨酸。优质鱼粉等动物性蛋白质饲料因蛋白质含量高，氨基酸种类齐全，易于吸收，可作为种公猪饲粮优质蛋白质的来源，使用比例在 3％～8％。棉籽饼（粕）在生产中常用于替代部分豆粕，以降低饲粮成本，但因含有棉酚（棉酚具有抗生育作用）而不能作为种猪的饲料。

矿物质中钙、磷、锌、硒和维生素 A、维生素 D、维生素 E、烟酸、泛酸对精液的生成与品质都有很大影响，这些营养物质的缺乏都会造成精液品质下降，如维生素 A 的长期缺乏就会使公猪不能产生精子，而维生素 E，又叫生育酚，它的缺乏更会影响公猪的生殖机能，硒与维生素 E 具有协同作用。因此在生产中应满足种公猪对矿物质、维生素的需要。

3. 饲喂技术

(1)根据种公猪营养需要配合全价饲料。配合的饲料应适口性好，粗纤维含量低，量少而精，防止公猪形成草腹，影响配种。

(2)饲喂要定时定量，每天喂两次。饲料宜采用湿拌料、干粉料或颗粒料。

(3)严禁饲喂发霉变质和有毒有害饲料。

(二)种公猪的管理

1. 加强运动

运动能增进公猪体质和保持公猪良好体况，提高公猪的性欲，对圈养公猪加强运动很有必要。每天应驱赶运动两次，上、下午各一次，每次约 1.5～2.0 小时，行程 2 千米。如果种公猪数量较多，可建环形封闭式运动场，让公猪在窄道内单向循环运动。

2. 定期称重及检查精液品质

公猪尤其是青年公猪应定期称重，检查其生长发育和体重变化情况，并以此为依据及时调整日粮和运动量。体重最好每月称重一次。公猪精液品质也要定期检查，人工授精的公猪每次采精都要检查精液品质，而采用本交的公猪也要检查 1～2 次。

3. 实行单圈饲养

公猪好斗，单圈饲养可有效防止公猪间相互咬架争斗，杜绝公猪间相互爬跨和自淫。

4. 做好防暑降温和防寒保暖工作

高温会使公猪精液品质下降，造成精子总数减少，死精和畸形精子增加，严重影响受胎率。公猪适宜的温度为 18～20℃，在规模化猪场，公猪都采用湿帘降温和热风炉供热系统，以确保公猪生活在适宜的环境温度中。

5. 其他管理

要注意保护公猪的肢蹄，对不良蹄形进行修整。及时剪去公猪獠牙，以防止公猪伤人。最好每天定时用刷子刷拭猪体，有利于人猪亲和及促进猪的血液循环和猪体卫生。建立合理的饲养管理操作规程，养成公猪良好的生活习惯。

（三）种公猪的利用

种公猪的利用合理与否，直接影响到公猪精液品质和使用寿命，合理利用种公猪，必须掌握适宜的初配年龄和体重，控制配种的利用强度。

1. 初配年龄

公猪的初配年龄，随品种、饲养管理和气候条件的不同而有所变化，我国地方品种性成熟较早，国外引进品种性成熟较晚，适宜的初配年龄为我国地方品种在生后 7～8 月龄，体重达60～70 千克，国外引进品种在出生后 8～12 月龄，体重达110～120 千克。

2. 利用强度

青年公猪配种不宜太频繁，每 2～3 天配种一次，每周配种2～3 次，成年公猪每天配种一次，配种繁忙季节每天配种 2 次，早、晚各一次，连续配种 5～6 天后应休息 1 天，配种过度会显著降低精液品质，降低受胎率。

3. 公母比例与使用年限

在本交情况下，一头公猪可负担 20～25 头母猪的配种任务，而采用人工授精的猪场一头公猪可负担 400 头母猪的配种任务。公猪的淘汰率一般在 25%～30%。种公猪的使用年限一般为 3～4 年。

二、种母猪的饲养管理技术

(一)空怀母猪的饲养管理

空怀母猪是指从仔猪断奶到再次发情配种的母猪。空怀母猪饲养管理的任务是使空怀母猪具有适度的膘情体况，按期发情，适时配种，受胎率高。空怀母猪的体况膘情，直接影响到母猪的再次发情配种。实践证明，母猪过肥或太瘦都会影响母猪的正常发情。空怀母猪七八成膘时，母猪能按时发情并且容易配上、产仔多。七八成膘是指母猪外观看不见骨骼轮廓和不会给人肥胖感觉，用拇指稍用力按压母猪背部可触到脊柱。母猪体况太瘦，会使母猪发情推迟或发情微弱，甚至不发情，即使发情也难以配上。母猪膘情过肥，也会使母猪的发情不正常、排卵少、受胎率低、产仔少，所以空怀母猪的饲养应根据母猪的体况膘情来进行。

1. 空怀母猪的饲养

(1)空怀母猪的饲粮。供给空怀母猪的饲粮应是各种营养物质平衡的全价饲粮，其能量、蛋白质、矿物质、维生素含量可参照母猪妊娠后期的饲粮水平，消化能 12.55 兆焦/千克，粗蛋白质 12%，饲粮应特别注意必需氨基酸的添加和维生素 A、维生素 D、维生素 E 和微量元素硒的供给。

(2)饲喂技术。空怀母猪一般采用湿拌料，定量饲喂，每日喂 2～3 次。

①对于断奶时膘情适度、奶水较多的母猪，为防止母猪断奶后胀奶，引发乳房炎，在断奶前 3 天开始减料。断奶后按妊娠后期母猪饲喂，日喂料 2.0～2.5 千克。

②对于体况膘情偏瘦的母猪和后备母猪则应采取"短期优饲"的办法，对于较瘦的经产母猪，在配种前的 10～14 天，后备母猪则在配种前 7～10 天到母猪配上，每头母猪在原饲粮的基础上加喂 2 千克左右的饲料，这对经产母猪恢复膘情、按期发情、提高卵子质量和后备母猪增加排卵有显著作用，母猪配

上后，转入妊娠母猪的饲养。

③对于体况肥胖的母猪，则应降低饲粮的营养水平和饲粮饲喂量，同时将肥胖的母猪赶到运动场，加强运动，使其尽快达到适度膘情，及时发情配种。

2. 空怀母猪的管理

(1)认真观察母猪发情，及时配种。国外引进品种，发情症状不如我国本地猪种明显，常出现轻微发情或隐性发情，所以饲养人员要仔细观察母猪的表现，每日用公猪早、晚两次寻查发情母猪，如果公猪在母猪前不愿走开，并有爬跨行为时，应将母猪做好记号，并再进一步观察，确认发情时，及时配种，严防漏配。

(2)营造舒适、清洁环境。创造一个温暖、干燥、阳光充足、空气新鲜的环境，有利于空怀母猪的发情、排卵。搞好猪舍清洁卫生和消毒。

(3)猪的配种。母猪的发情周期为 18～23 天，平均 21 天。母猪的发情周期指从上次发情开始至下次发情开始，叫做一个发情周期，可分为发情前期、发情持续期、发情后期和休情期 4 个阶段。

①发情鉴定。正常情况下，母猪断奶后一周左右发情，有些母猪在断奶后 3～4 天就开始发情，所以饲养员应细心观察。若母猪表现出兴奋不安、食欲减退、爬跨其他母猪，地方猪种常出现鸣叫、闹圈。母猪阴户出现水肿、黏膜潮红、流出黏液，试情公猪赶入圈内，发情母猪会主动接近公猪、跨爬等症状，说明母猪已发情。

②适时配种。母猪的发情持续期为 2～5 天，平均 3 天，猪的配种必须在发情持续期内完成，否则须等下个发情期才能再次配种。不同品种、不同年龄的母猪发情持续期不同，国外引进品种发情持续期较短，我国地方品种发情持续时间较长。老母猪发情持续时间较短，青年母猪发情持续时间较长，有"老配早、小配晚，不老不小配中间"之说。母猪适宜的配种时间是在

母猪排卵前 2~3 小时，即母猪开始发情后的 19~30 小时，此时母猪发情症状表现为阴户水肿开始消退，黏膜由潮红变为浅红，微微皱褶，流出的黏液用手可捏粒成丝，并接受试情公猪的爬跨，或检查人员用双手按压其背部，猪出现呆立不动，两腿叉开或尾巴甩向一侧，此时配种，受胎率高。如果阴户水肿没有消退迹象，阴户黏膜潮红，黏液不能捏粒成丝，猪不愿接受爬跨，则说明配种适期未到，还需耐心观察。反之，如果阴户水肿已消失，阴户黏膜苍白，母猪不愿接受公猪爬跨，则说明配种适期已错过。国外引进猪种发情症状不大明显，应特别注意。生产中，常在母猪出现发情症状后 24 小时内，只要母猪接受公猪爬跨，就可第一次配种，间隔 8~12 小时再配第二次。一般一个发情期配种两次，也有些猪场配种 3 次。

③配种方式。重复配种：指在母猪发情持续期内，用 1 头公猪配种 2 次以上，其间隔时间为 8~12 小时，如果上午配种，一般下午再配一次，或下午配种，第二天上午再配一次。采用重复配种母猪的受胎率高，生产中常用此法。

双重配种：指在母猪发情持续期内，用 2 头公猪分别与母猪配种，2 头公猪配种间隔时间为 5~10 分钟，由于有 2 头公猪的血缘，所以此法只能用于商品猪的生产。

④配种方法。人工辅助配种：如采用本交的猪场，应建专用的配种室。配种时应先挤掉公猪包皮中的积尿，并用 0.1% 浓度的高锰酸钾溶液对公、母猪的阴部四周进行清洁和消毒。然后稳住母猪，当公猪爬到母猪背上时，一手将母猪尾巴轻轻拉向一侧，另一手托住公猪包皮，使包皮口紧贴母猪阴户，帮助公猪阴茎顺利进入阴道，完成配种。当公猪体重显著大于或小于母猪时，都应采取措施给予帮助，应在配种室搭建一块 10~20 厘米高的平台，当公猪体大时将母猪赶到平台上，再与公猪配种。反之则让公猪站立于平台上与母猪配种。配种完后轻拍母猪后腰，防止精液倒流。配种应保持环境安静，避免一切干扰。

人工授精：规模化猪场常采用此法，既可充分发挥优秀公猪的作用，又可减少公猪饲养量，降低生产成本。将经过人工采精训练的公猪进行采精，然后检查精液品质并稀释。当母猪发情至最佳配种时间时，用输精管输入公猪精液，输精时应防止精液倒流。

（二）妊娠母猪的饲养管理

妊娠母猪指从配种后卵子受精到分娩结束前的母猪。妊娠母猪饲养管理的任务是使胎儿在母体内得到健康生长发育，防止死胎、流产的发生，获得初生质量大，体质健壮，同时使母猪体内为哺乳期储备一定的营养物质。

1. 早期妊娠诊断

母猪配种后，食欲增加，被毛发亮，行为谨慎、贪睡，驱赶时夹尾走路，阴户紧闭，对试情公猪不感兴趣，可初步判定为妊娠。生产中常采用以下方法进行母猪的早期妊娠诊断。

（1）人员检查。在母猪配种后18～24天认真检查已配母猪是否返情，若未发现母猪返情，说明母猪可能已妊娠。

（2）公猪试情。每天上午、下午定时将试情公猪从已配母猪旁边赶过，观察已配母猪的反应，若出现兴奋不安等发情症状，说明母猪返情；若无反应，则说明可能已妊娠。为了确认，第二个发情期用同样的方法再检查一次。

（3）超声波检查。利用胚胎时超声波的反射来进行早期妊娠诊断，效果很好。据介绍，配种20～29天诊断的准确率80%，40天以后的准确率为100%。常用于猪的妊娠诊断的仪器有A型超声诊断仪和B型超声诊断仪（B超）。A型体积小，如手电筒大，操作简单，几秒钟便可得出结果。B超体积较大，准确率高，诊断时间早，但价格昂贵。

2. 胚胎生长发育规律

卵子在输卵管壶腹部受精，形成受精卵后，在进行细胞分裂的同时，沿输卵管下移，3～4天后到达子宫角，此时胚胎在子宫内处于浮游状态。在孕酮作用下，胚胎12天后开始在子宫角不同部位附植（着床），20～30天形成胎盘，与母体建立起紧密联系。在胎盘未形成前，胚胎易受外界不良条件的影响，引起胚胎死亡。生产中，此阶段应给予特别关照。胎盘形成后，胚胎通过胎盘从母体中获得源源不断的营养物质，供自身的生长发育，在妊娠初期，胚胎体积小，重量轻。如，妊娠30天每个胚胎重量只有2克，仅占初生体重的0.15%，随着妊娠时间的增加，胚胎生长速度加快，妊娠80天时，每个胎儿重量达400克，占初生体重的29.0%。妊娠80天后，胎儿体重增长迅速，到仔猪出生时体重可达1300～1500克。在母猪妊娠的最后30多天内，胎儿的增重达初生体重的70%左右。

3. 妊娠母猪的饲养

（1）妊娠母猪的营养需要及特点。妊娠母猪从饲料摄取的营养物质除用于维持自身需要外，主要用于胎儿的生长发育和自身的营养储备，青年母猪还将营养物质用于自身的生长。从上述胎儿生长发育规律可见，母猪在妊娠前80天，胎儿的绝对增长较少，对营养物质在量上的需求也相对较少，但对质的要求较高，特别是胎盘未形成前的时期，任何有毒有害物质，发霉变质饲料或营养不完善都有可能造成胚胎死亡或流产。母猪妊娠80天后，胎儿增重非常迅速，对营养物质的需要量也显著增加，同时，由于胎儿体积的迅速增大，子宫膨胀，使母猪消化道受到挤压，消化机能受到影响，所以此阶段应供给较多的营养物质。

母猪妊娠后，体内激素和生理机能也发生很大变化，对饲料中营养物质的消化吸收能力显著增强。试验证明，妊娠母猪在饲喂同样饲料的情况下，增重要高于空怀母猪，这种现象被称为孕期合成代谢。生产中可利用母猪孕期合成代谢来提高饲料的利用效率。

（2）妊娠母猪的饲养方式。目前妊娠母猪的饲养大都采用"低妊娠、高泌乳"的饲养模式，即在妊娠期适量饲喂，哺乳期充分饲喂。在生产中应根据母猪体况，给予不同的饲养待遇。

①"步步高"的饲养方式。对于初产母猪，宜采用"步步高"的饲养方式，即在整个妊娠期，随妊娠时间的增加，逐步提高饲粮营养水平或饲喂量，到产前一个月达到最高峰，这样可使母猪本身和胎儿都能得到良好的生长发育。

②"前粗后精"的饲养方式。对于断奶后体况良好的经产母猪，可采用"前粗后精"的饲养方式。即在妊娠前期（前80天）按一般的营养水平饲喂，可多喂些粗饲料；妊娠后期（80天后）胎儿生长发育迅速，提高营养水平，增加营养供给，以精料为主，少喂青绿饲料。

③"抓两头带中间"的饲养方式。对于断奶后体况很差的经产母猪，可采用"抓两头带中间"的饲养方式，即将整个妊娠期分为前期（配种至42天）、中期（43～84天）和后期（84天以后），在前期和后期提高饲粮营养水平，使母猪在产后迅速恢复体况和满足胎儿生长发育需要，在中期则给予一般的饲粮。

（3）饲喂技术。

①饲喂量。妊娠母猪的饲喂量在妊娠前84天，为2.0～2.5千克/天，妊娠84天后，3.0～3.5千克/天。以母猪妊娠后期膘情达到八成半膘为宜，不可使母猪过肥或太瘦，并应根据母猪的体况、体重、妊娠时间和气温等具体情况作个别调整。有条件者可采用母猪自动饲喂系统，该系统能根据每头母猪的具体情况，自动决定每头母猪的饲喂量，并记录在案。

②饲喂次数。妊娠母猪一般每日喂2～3次，饲喂的饲料可用湿拌料、颗粒料。喂料时，动作应迅速，用定量料勺，以最快速度让每一头母猪吃上料，最好能安装同步喂料器同时喂料。母猪对饲喂用具发出的声响非常敏感，喂料速度太慢，易引起其他栏的母猪爬栏、挤压，增大母猪流产的概率。

③饲喂妊娠母猪的饲粮容器应有一定的体积。妊娠前84天胎儿体积较小，饲粮容积可稍大一些，适当增加青、粗饲料比例，后期因胎儿生长，饲粮容积应小些。

④饲喂妊娠母猪的饲粮应有适当轻泻作用。在饲粮中可增大麸皮比例，麸皮含有镁盐，对预防妊娠母猪特别是妊娠后期母猪便秘有很好效果。

⑤饲喂妊娠母猪的饲料应多样化搭配，品质好，保证有充足、清洁饮水。严禁饲喂发霉、变质、有毒有害、冰冻和强烈刺激性气味的饲料，不得给妊娠母猪喝冰水，否则会引起流产，造成损失。

⑥妊娠母猪饲养至产前3～5天，视母猪膘情应酌情减料，以防母猪产后患乳房炎和仔猪下痢。

三、哺乳母猪的饲养管理

哺乳母猪是指从母猪分娩到仔猪断奶这一阶段的母猪。哺乳母猪饲养管理的任务是满足母猪的营养需要，提高母猪泌乳力，提高仔猪断奶时的体重。

（一）母猪的泌乳特点与规律

母猪有乳头6～8对，各乳头之间互不相通，各自独立。每个乳头有2～3个乳腺团，没有乳池，不能储存乳汁，故仔猪不能随时吃到母乳。母猪泌乳是由神经和内分泌双重调节，经仔猪饥饿鸣叫和拱揉乳房的刺激，使母猪脑垂体后叶分泌催产素，催产素作用于乳房，促使母猪泌乳。母猪泌乳时间很短，一次泌乳只有15～30秒。母猪泌乳后须1小时左右才能再次放乳。每天放乳22～24次，并随产后时间的推移泌乳次数逐渐减少。母猪在产后1～3天，由于体内催产素水平较高，所以仔猪可随时吃到乳。

母猪产后1～3天的乳称为初乳，3天后称为常乳。初乳中干物质含量为常乳的1.5倍，其中免疫球蛋白含量非常丰富，初生仔猪必须通过吃初乳才能获得免疫能力。但初乳中免疫球蛋白的含量下降速度很快，在产后24小时就接近常乳水平，所以应尽早让仔猪吃到初乳，吃足初乳。

母猪的泌乳量在产后4～5天开始上升，在产后20～30天

达到泌乳高峰以后逐渐下降。产后 40 天泌乳量占全期泌乳量的
70%～80%。

不同位置的乳头泌乳量不同，前 3 对乳头由于乳腺较多，
泌乳量也较多，见表 4-2。

表 4-2　不同乳头位置的泌乳量比例

（%）

乳头位置	1	2	3	4	5	6	7
所占泌乳量比例	23	24	20	11	9	9	4

由表 4-2 可见，前面 3 对乳头的泌乳量占总泌乳量的 67%，
而第 7 对乳头的泌乳量仅占 4%。

不同胎次的母猪泌乳量也有较大差异，一般第一胎泌乳量
较低，第二胎开始上升，以后维持在一定水平上。到第七八胎
开始下降。所以，规模化猪场的母猪一般在第八胎淘汰，年淘
汰率在 25% 左右。

仔猪有固定乳头吃乳的特性，母猪产仔数少时，没有仔猪
拱揉、吮吸的乳头便会萎缩。生产中可将一些产仔多的母猪的
一部分仔猪寄养给产仔少的母猪喂乳，有利于仔猪的健康生长
和母猪乳房的发育。

（二）哺乳母猪的饲养

1. 哺乳母猪的营养需要

正常情况下，母猪在哺乳期内营养处于入不敷出状态，为
满足哺乳的需要，母猪会动用在妊娠期储备的营养物质，将自
身营养物质转化为母乳，越是高产，带仔越多的母猪，动用的
营养储备就越多。如果此时供给饲粮营养水平偏低，会造成母
猪身体透支，严重者会使母猪变得极度消瘦，直接影响到母猪
下一个情期的发情配种，造成损失。所以，哺乳母猪的饲养都
采用"高哺乳"的饲养模式，给哺乳母猪高营养水平的饲养，尽
最大限度地满足哺乳母猪的营养需要。

研究表明，供给哺乳母猪的饲粮消化能水平应达13.80兆焦/千克，粗蛋白质水平17.5%～18.0%，赖氨酸水平0.88%～0.94%，对提高泌乳量，维持良好体况有很好帮助。供给的蛋白质应注意品质，满足必需氨基酸的需要。同时还要注意维生素和矿物质的充足供给，矿物质和维生素的缺乏都会影响母猪的泌乳性能以及母猪和仔猪的健康。

2. 哺乳母猪的饲养技术

(1)哺乳母猪的饲喂量。哺乳母猪经过产后5～7天的饲养已恢复到正常状态，此时应给予最大的饲喂量，母猪能吃多少，就喂给多少，保证母猪吃饱吃好，一般带仔10～12头，体重175千克的哺乳母猪，每天饲喂5.5～6.5千克的饲粮。

(2)供给品质优良饲料，保持饲料稳定。饲喂哺乳母猪应采用全价配合饲料，饲料多样化搭配，供给的蛋白质应量足质优，最好在配合饲料中使用5%的优质鱼粉，对于棉籽粕、菜籽粕都必须经过脱毒等无害化处理后方可使用。严禁饲喂发霉变质、有毒有害的饲料，以免引起母猪乳质变差造成仔猪下痢或中毒。要保持饲料的稳定，不可突然变换饲料，以免引起应激，引起仔猪下痢。

(3)供给充足饮水。猪乳中含水量在80%左右，保证充足的饮水对母猪泌乳十分重要，供给的饮水应清洁干净，要经常检查自动饮水器的出水量和是否堵塞，保证不会断水。

(4)日喂次数。哺乳母猪一般日喂3次，有条件的加喂一次夜料。

(5)饲喂青绿饲料。青绿饲料营养丰富，水分含量高，是哺乳母猪很好的饲料，有条件的猪场可给哺乳母猪额外喂些青绿饲料。对提高泌乳量很有好处。

(6)哺乳母猪的管理。给哺乳母猪创造一个温暖、干燥、卫生、空气新鲜、安静舒适的环境，有利于哺乳母猪的泌乳。在日常管理中应尽量避免一切会造成母猪应激的因素。保持猪舍的冬暖夏凉，搞好日常卫生，定期消毒。仔细观察母猪的采食、粪便、精神状态，仔猪的吃奶情况，认真检查母猪乳房和恶露排出情况，对患乳房炎、子宫炎及其他疾病的母猪要及时治疗，以免引起仔猪下痢。对产后无乳或乳少的母猪应查明原因，采取相应措施，进行人工催乳。

3. 防止母猪无乳或乳量不足

(1)母猪无乳或乳量不足的原因有如下几个方面。

①营养方面：母猪在妊娠和哺乳期间营养水平过高或过低，使得母猪偏胖或偏瘦，或营养物质供给不平衡，或饮水不足等都会出现无乳或乳量不足。

②疾病方面：母猪患有乳房炎、链球菌感染、感冒发烧等，将出现无乳或乳量不足。

③其他方面：高温高湿、低温高湿环境、母猪应激等，都会出现无乳或乳量不足。

(2)防止母猪无乳或乳量不足的措施。根据上述原因，预防母猪无乳或乳量不足的措施如下。

①做好妊娠和哺乳母猪的饲养管理，满足母猪所需要的各种营养物质。同时给母猪创造舒适的生活环境，给予精细的管理，最大限度减少母猪的应激反应。

②做好疾病预防工作，防止母猪因病造成无乳或乳量不足。

③用以下方法进行催乳。

a. 将胎衣洗净切碎煮熟拌在饲料中饲喂无乳或乳量不足的母猪。

b. 产后2～3天内无乳或乳量不足，可给母猪肌肉注射催产素。

c. 用淡水鱼煎汤拌在饲料中饲喂。

d. 泌乳母猪适当喂一些青绿多汁饲料，但要控制喂量，以保证母猪采食足够的配合饲料，否则会造成营养不良，导致母猪乳量不足。

e. 中药催乳法：王不留行36克、漏芦25克、天花粉36克、僵蚕18克、猪蹄2对，水煎分两次拌在饲料中饲喂。

第三节　肉猪的养殖技术

一、肉猪的饲养

(一)营养需要

仔猪经过保育期的培育,从保育舍转入育肥猪舍时,猪的各项生理机能已发育完善、健全。此时,猪食欲旺盛,消化能力强,生长迅速,日增重随日龄增长而增加,至体重90~100千克时日增重达到高峰。为满足迅速生长,需从饲料中获取大量营养物。饲料营养的供给应注意能量、蛋白质水平以及两者间的比例平衡,适宜的能量水平有利于猪的快速生长,过高能量则在猪的体内被转化成脂肪沉积,影响胴体瘦肉率。能量不足则使猪的生长减缓,甚至将蛋白质转化为能量来满足猪对能量的需要。蛋白质是由氨基酸构成,猪对蛋白质的需要实际上是对氨基酸的需求,因此饲料应特别注意氨基酸的组成。各种氨基酸的比例,特别是限制性氨基酸如赖氨酸、色氨酸、蛋氨酸的供给,以提高饲料转化效率。矿物质、维生素也是猪快速生长的必需物质,应注意满足供给。

(二)饲养方式

(1)直线饲养方式。就是根据肉猪生长发育规律和不同生长阶段的营养需要,在肉猪生产的整个阶段都给予丰富均衡营养的饲养方式。生产中常将肉猪分为小猪(20~35千克)、中猪(35~65千克)和大猪(65千克以上)3个阶段。此种饲养方式具有肉猪生长快、饲养周期短、饲养利用效率高的特点。

(2)"前高后低"的饲养方式。根据肉猪生长发育规律,兼顾肉猪的增重速度,饲料利用效率和胴体品质,将肉猪生产的整个阶段分为育肥前期(体重20~60千克)和育肥后期(60~100千克),育肥前期饲喂高能量高蛋白质全价饲料,并实行自由采食或不限量饲喂;后期则适当降低饲料中的能量水平,并实行限制饲喂,以减少肉猪脂肪沉积,提高胴体瘦肉率。

（三）饲喂方法

肉猪的饲喂主要采用自由采食和分餐饲喂。在小猪阶段一般采用自由采食，即每昼夜始终保持料槽有料，饲料敞开供应，猪什么时候肚子饿了，想吃料就有料吃，想吃多少就能吃多少。这样有利于猪的快速生长和个体均匀，整齐度较高。在中、大猪阶段常采用分餐饲喂，即每天定时定量饲喂，一般每天饲喂2～3次。可采用颗粒料、干粉料和湿拌料。湿拌料适口性较好，颗粒料和干粉料便于同时投料，减少饲喂时猪群的不安和躁动。定量饲喂有利于控制胴体脂肪沉积，提高瘦肉率。

保证充足清洁的饮水。水是最重要的营养物质，体内新陈代谢都在水中进行。体内缺水达10％时，就会引起代谢紊乱。饮用水是体内水分的最主要来源，所以应保证猪有充足的饮水。生产中，由于水来得容易，因此饮水问题常被忽视，导致猪群缺水。现在猪场都安装自动饮水器，应经常检查饮水器中水压的大小和是否堵塞。水压太大，水呈喷射状，使猪不敢喝水，导致缺水。水压太低，流量小，或因堵塞无水，而引起猪缺水。一些猪场设有高压水池和低压水池：高压水池供给生产用水，低压水池用于猪的饮水。同时，应注意供给饮水的水质，许多猪场采用地表水，而地表水往往大肠杆菌严重超标，使用时应注意消毒。对水中矿物质含量过高的硬水，建议不要使用。在建场时应对水质进行化验。

二、肉猪的管理

（一）实行"全进全出"饲养制度

在规模化猪舍中应安排好生产流程，在肉猪生产中采用"全进全出"饲养制度。它是指在同一栋猪舍同时进猪，并在同一时间出栏。猪出栏后空栏一周，进行彻底清洗和消毒。此制度便于猪的管理和切断疾病的传播途径，保证猪群健康。若规模较小的猪场无法做到同一栋的猪同时出栏，可分成两到三批出栏，待猪出完后，对猪舍进行全面彻底消毒后，方可再次进猪。虽然会造成一些猪栏空置，但对猪的健康却大有益处。

（二）组群与饲养密度

肉猪群饲有利于促进猪的食欲和提高猪的增重，并能充分有效利用猪舍面积和生产设备，提高劳动生产率，降低生产成本。猪群组群时应考虑猪的来源、体重、体质等，每群 10 头左右为宜，最好采用"原窝同栏饲养"。若猪圈较大，每群以 15 头左右，不宜超过 20 头。每头猪占漏缝地板 1.0 平方米，水泥地面 1.2 平方米。

（三）分群与调教

猪群组群后经过争斗，在短时间内会建立起群体位次，若无特殊情况，应保持到出栏。但若中途出现群体内个体体重差异太大，生长发育不均，则应分群。分群按"留弱不留强、拆多不拆少、夜合昼不合"的原则进行。猪群组群或分群后都要耐心做好"采食、睡觉和排泄"三定点的调教工作，保持圈舍的卫生。

（四）去势与驱虫

肉猪生产对公猪都应去势，以保证肉的品质，而母猪因在出栏前尚未达到性成熟，对肉质和增重影响不大，所以母猪不去势。公猪去势越早越好，小公猪去势一般在生后 15 天左右进行，现提倡在生后 5～7 天去势，早去势，仔猪体内母源抗体多，抗感染能力强，同时手术伤口小，出血少，愈合快。寄生虫会严重影响猪的生长发育，据研究，控制了疥螨比未控制疥螨的肥育猪，肥育期平均日增重高 50 克，达到同等出栏体重少用 8～9 天。在整个生产阶段，应驱虫 2～3 次，第一次在仔猪断奶后 1～2 周，第二次在体重 50～60 千克时期，可选用芬苯达唑、可苯达唑或伊维菌素等高效低毒的驱虫药物。

（五）加强日常管理

（1）仔细观察猪群。观察猪群的目的在于掌握猪群的健康状况，分析猪群是否适应饲养管理条件，做到心中有数。观察猪群主要观察猪的精神状态、食欲、采食情况、粪尿情况和猪的行为。如发现猪精神萎靡不振，或远离猪群躺卧一侧，驱赶时也不愿活动，猪的食欲很差或不食，出现拉稀等不正常现象，应及时报告兽医，查明原因，及时治疗。对患传染病的猪，应及时隔离和治疗，并对猪群采取相应措施。

（2）搞好环境卫生，定期消毒。做好每日 2 次的卫生清洁工作，尽量避免用水冲洗猪舍，防止污染环境。许多猪场采用漏缝地板和液泡粪技术，与用水冲洗猪舍相比，可减少 70% 的污水。要定期对猪舍和周围环境进行消毒，一般每周一次。

（六）创造适宜的生活环境

（1）温度。环境温度对猪的生长和饲料利用率有直接影响。生长育肥猪适宜的温度为 18～20℃，在此温度下，能获得最佳的生产成绩。高于或低于临界温度，都会使猪的饲料利用率下降，增加生产成本。由于猪汗腺退化，皮下脂肪厚，所以要特别注意高温对猪的危害。据研究，猪在 37℃ 的环境下，不仅不会增重，反而减重 350 克/天。开放式猪舍在炎热夏季应采取各种措施，做好防暑降温工作；在寒冷冬季应做好防寒保暖，给猪创造一个温暖舒适的环境。

（2）空气湿度。空气湿度总是与温度、气流一起对猪产生影响，闷热潮湿的环境使猪体热散发困难，引起猪食欲下降，生长受阻，饲料利用率降低，严重时导致猪中暑，甚至死亡。寒冷潮湿会导致猪体热散发加剧，严重影响饲料利用率和猪的增重，生产中要严防此两种情况发生。适宜的空气湿度以 55%～65% 为宜。

（3）保持空气新鲜。在猪舍中，猪的呼吸和排泄的粪、尿及残留饲料的腐败分解，会产生氨、硫化氢、二氧化碳、甲烷等有害气体。这些有害气体如不及时排出，在猪舍内积留，不仅影响猪的生长，还会影响猪的健康。所以保持适当的通风，使猪舍内空气新鲜，是非常必要的。

（七）适时出栏

肉猪养到一定时期后必须出栏。肉猪出栏的适宜时间以获取最佳经济效益为目的，应从猪的体重、生长速度、饲料利用效率和胴体瘦肉率、生猪的市场价格、养猪的生产风险等方面综合考虑。从生物学角度，肉猪在体重达到 100～110 千克时出栏可获得最高效益。体重太小，猪生长较快，但屠宰率和产肉量较少；体重太大，屠宰率和产肉量较高，但猪的生长减缓，胴体瘦肉率和饲料利用率下降。生猪的市场价格对养猪的经济效益有重大影响，当市场价格成向上走势时，猪的体重可稍微养大一些出栏，反之则可提早出栏。当周边养殖场受传染病侵扰时，本场的养殖风险增大，应适当提早出栏。

第四节　猪的疾病防治技术

一、猪瘟

（一）症状

最急性型的猪瘟（HC）一般不见症状，以突然死亡为主。急性型（典型）猪瘟症状为：发烧，体温 41℃以上，发病后 3～6 天体温可达 42℃以上；怕冷，呼吸急促，腹式呼吸；个别猪有神经症状，步态不稳，耳尖、嘴唇发绀，四肢内侧、腹部无毛或少毛部位点状出血，指压不退色，眼结膜潮红、眼分泌物增多，脓性结膜炎；病初便秘，排出带脓血黏液的粪块，后腹泻，个别猪还有呼吸道症状。母猪可表现为流产、产弱仔、死产、木乃伊胎、畸形胎，产下的弱仔或畸形幼仔一般 3 天内死亡。公猪有包皮炎，用手挤压有恶臭浑浊的液体射出。急性猪瘟病例多在 1 周左右死亡，死亡率可达 60％～80％。慢性型和非典型性猪瘟发病时间长，腹泻或便秘交替，体温稍高或稍低，食欲时好时坏，进行性消瘦，精神萎靡，贫血。有的猪会出现广泛性出血点和皮炎，有的猪症状和病变局限且不典型。病程一般 1 个月左右，发病和死亡率较低，以小猪发病和死亡率为高，大猪一般可以耐过，康复后的猪成为僵猪。

（二）病理变化

皮下、浆膜、黏膜、肌肉均有出血点。口角、齿龈有出血点、坏死灶、溃疡。肠道出血，以小肠为最，易发生纤维素性坏死性肠炎。肾针尖状小的出血点，膀胱呈条状或块状出血。气管、支气管充满粉红色泡沫，会厌软骨呈条状或块状出血。肺部出血。心脏有出血点、脾边缘出血梗死、淋巴结周边出血。流产和死胎的猪在肾、膀胱、淋巴结、喉头有出血点（见图 4-11）。肾有沟回也是目前猪瘟症状的又一特征。

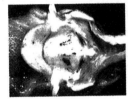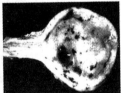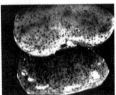

图 4-11　齿龈溃疡及喉头、膀胱、肾出血点

（三）诊断

根据临诊症状有无出血性变化、肾脏和咽喉的出血点、脾脏坏死灶和梗死、肾是否有沟回，可以作出猪瘟的临床诊断。确诊需要送检脾脏、淋巴结和肾脏，做猪瘟荧光抗体或酶联免疫试验。

（四）防治

本病为国家一类动物传染病，控制和扑灭应按照《中华人民共和国动物防疫法》第三章"动物疫病的控制和扑灭"的有关条款执行，发病后不予治疗，必须进行扑杀。

（1）预防措施：①做好猪瘟的预防注射。用猪瘟脾淋苗或者猪瘟高效细胞苗，按科学的免疫程序进行免疫接种。每年定期检测抗体，必要时紧急补免猪瘟疫苗。②自繁自养，一般不从其他猪场购猪；如需购买，必须是经检测猪瘟抗体和野毒感染呈阴性的猪，并隔离 15 天左右，注射猪瘟疫苗后方可混群。③加强饲养管理，做好圈舍、环境卫生，搞好消毒工作。④强化政府职能，做好兽医卫生管理和检疫措施。

（2）免疫程序：①母猪免疫。后备母猪配种前一个月使用猪瘟淋脾苗或者猪瘟高效细胞苗免疫接种，经产母猪选择产后 7～10 天免疫接种比较合理，这样可以尽可能避免仔猪产生先天免疫耐受现象。但生产中为了方便操作，一般采取断奶下产床时免疫。②公猪免疫。每半年免疫一次，同时加强饲养管理，保证公猪健康。③商品猪免疫。不受猪瘟威胁的猪场在 28～35 日龄时首免；二免在 65～70 日龄时。发生猪瘟或者受威胁的猪场，可以进行乳前免疫，即仔猪出生后不给予初乳，立即注射猪瘟疫苗 1 头份，待接种 1 小时后喂奶。猪瘟的乳前免疫必须严格按照操作规程执行，才能获得应有的效果，尤其是稀释后的疫苗必须放在冰盒里保存，每出生一头小猪，现吸取 1 头份出来接种，否则会因为分娩时间过长而导致疫苗失效。二免一般在 25 日龄左右，三免一般在 65 日龄左右。进行乳前免疫的仔猪，在 60～65 日龄时加强免疫一次即可。

二、猪口蹄疫（FMD）

（一）症状

本病潜伏期很短，一般 1～2 天，病初体温升高（41～42 ℃），俯卧，寒颤，肢蹄发热，流涎，随后蹄部、口舌开始出现水泡，精神不振，食欲减少或废绝。随着病情的加剧，蹄冠、蹄叉、蹄瞳发红并形成水泡，继而溃烂出血，继发感染的蹄壳大多脱落。病猪跛行、喜卧，鼻盘、吻突、口腔、齿龈、舌、下颌、乳房也可见到水泡和溃烂斑（见图 4-12）。驱赶或受惊吓时病猪尖叫声音很大。体重越大，症状越严重。仔猪可因急性肠炎和病毒性心肌炎死亡，死亡率高达 $60\%\sim90\%$。

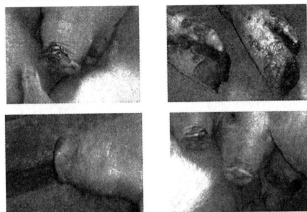

图 4-12　鼻盘、吻突、蹄部水泡和溃烂斑

（二）病理变化

除口腔、蹄部出现水泡和烂斑外，在咽喉、气管、支气管和前胃黏膜也有溃疡，胃和大小肠黏膜可见出血性炎症，心包膜有弥散性点状出血，心肌松软像煮熟的肉，心肌切面有灰白色或淡黄色斑点或条纹，好似老虎身上的斑纹，俗称"虎斑心"（见图 4-13），这是口蹄疫具有诊断意义的特征性病理表现。

图 4-13　虎斑心

（三）诊断

根据病猪蹄部和吻突发生水泡、溃烂和出血，跛行，驱赶尖叫等，可以作出初步诊断。确诊需要送检病猪的水泡皮和水泡液进行乳鼠攻毒试验，或做补体结合试验、反向间接血凝试验。

（四）防治

本病是目前发现的所有传染病中传染性最强的疫病，为国家一类动物传染病，控制和扑灭应按照《中华人民共和国动物防疫法》第三章的有关条款执行。发病后应进行封锁和扑杀，并进行无害化处理和彻底消毒。

预防：由于口蹄疫病毒的突变、抗原漂移而出现的新病毒可能限制疫苗的使用效果，因此猪群应一年接种 3 次口蹄疫灭活疫苗（最好是当年流行的不同毒株），每次接种时间间隔 2 周加强免疫一次。严格检疫，不从疫区购猪及其他动物产品、饲料、生物制品，禁止饲喂含有同种动物或有其他动物原料的饲料。

（1）发现疫病流行应立即上报，并封锁疫区，防止疫情扩散。病猪群屠宰深埋，疫点用 2％的烧碱液消毒。疫区周围猪群紧急预防注射口蹄疫苗。

（2）隔离要快，处理要迅速，严格按照"早、快、严、小"的原则处理。

（3）对猪舍、环境和用具用 2％的烧碱液消毒。

（4）对发病猪群和未发病猪群紧急注射口蹄疫苗，分开饲喂。严格做到人员、工具、饲料、运输车辆分开，不交叉。

（5）发病期间禁止外售猪只及其产品，并每日带猪消毒，封锁 45 天，无新发病猪方可解除封锁。

治疗：本病不予治疗，发病就应立即扑杀，以防止传播扩散。

三、猪细小病毒病（PPV）

（一）流行病学

猪是唯一的易感动物，不同品种（含野猪、SPF 猪）、年龄、用途的猪都可通过空气、胎盘和精液感染，易感的健康猪群一旦感染病毒，3 个月内 100% 发病。本病主要发生于后备母猪，呈地方性流行或散发，初次感染的猪群呈急性暴发，造成头胎母猪流产、死胎和木乃伊胎（见图 4-14）等繁殖障碍。母猪怀孕和早期感染的胚胎死亡率可达 80%～100%。本病可以通过交配、人工授精、胎盘、被污染的饲料和环境经呼吸道和消化道感染。经产母猪也可发生，主要发生在春、秋产仔季节。

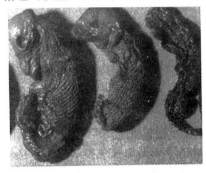

图 4-14　木乃伊胎

（二）症状

感染病毒后出现短暂而轻微的症状，母猪体温、食欲正常，常不引人注意，主要造成母猪繁殖障碍（流产、弱仔、死胎、木乃伊胎）。妊娠中后期母猪感染可引起胎儿死亡、羊水吸收，母猪腹围缩小，出现"假孕"。感染母猪流产后可以重新发情受孕，有时也会导致公猪不育、母猪不孕。公猪感染后受精率和性欲没有明显变化。

（三）病理变化

子宫内膜有轻微炎症，子宫肌层和内膜有广泛性的单核细胞聚集。胎盘有部分钙化。胎儿或正在发育的胚胎坏死和血管损伤，有被溶解和吸收的现象，会出现木乃伊胎。

（四）诊断

根据初产母猪流产，产出死胎、木乃伊胎、弱仔等，流产母猪基本没有任何临床表现，但经产母猪往往都正常的特点，可以做出初步判断。确诊需要送检流产、死产的胎儿心血或体腔积液用以分离病毒，或做血凝抑制试验。

（五）防治

后备母猪在配种之前一个月接种细小病毒活疫苗，也可在后备母猪性成熟后推迟一个情期配种，从而使其自然感染而产生免疫力。

四、猪日本乙型脑炎（JE）

（一）症状

自然感染的猪很少出现症状，人工感染的猪潜伏期 3～4 天。病猪发病突然，体温升高至 40～41℃，稽留热，精神沉郁，食欲减退，结膜潮红，粪便干燥。有的猪后肢轻度麻痹，步态不稳，关节肿大，跛行，最后麻痹致死。妊娠母猪有的流产，有的预产期延长，有的产弱仔并于产出后不久死亡，有的胎儿因脑水肿而死，有的呈木乃伊胎或畸形胎。公猪睾丸发炎、充血、肿大，耐过后通常一侧睾丸大，一侧睾丸小，也有双侧睾丸发炎后萎缩变硬的。如仅一侧睾丸发炎萎缩，则仍有配种能力。

（二）病理变化

母猪无可见病理变化，公猪睾丸鞘膜有大量黏液，附睾边缘和鞘膜层可见纤维增厚。胎儿有脑水肿、皮下水肿、胸腔积水、腹水、淋巴结充血、肝和脾坏死灶、脑膜和脊髓充血等症状，小脑发育不全。

（三）诊断

根据此病流行于蚊虫滋生的 5～10 月，感染猪高热稽留，妊娠母猪流产，产死胎、弱仔和木乃伊胎，公猪睾丸炎和仔猪有脑炎症状，可以做出临床诊断。确诊需要送检病猪血清做补体结合试验、中和试验、血球凝集抑制试验。

（四）防治

加强饲养管理，注意驱蚊灭虫，尤其是消灭越冬的蚊虫。在流行地区，种猪在蚊虫滋生前 1～2 月（每年 2～4 月初），使用乙型脑炎弱毒苗接种一次即可，必要时可加强免疫进行第二次接种。发病后为了防止继发性感染，可以使用抗生素或磺胺类药物。治疗脑水肿、降低颅内压，使用 20% 的甘露醇、25% 的山梨醇、10% 的葡萄糖液静脉注射 100～200 毫升。对兴奋不安的病猪可用氧丙嗪按 3 毫克/千克注射。若体温持续升高，可使用氨基比林或安乃近肌肉注射。

五、猪流感（SI）

（一）临床症状

突然发病，体温升高到 41℃ 左右，寒颤，食欲不振，喜卧，扎堆，呼吸困难，咳嗽，喷嚏，眼、鼻流黏液，精神不振，食欲废绝（见图 4-15）。严重的张口呼吸、腹式呼吸。本病发病率高达 100%，但死亡率不高，一般不超过 1%。一周左右即可恢复。

图 4-15　扎堆、食欲不振、嗜睡

（二）病理剖检

猪流感为病毒性肺炎。病变主要在呼吸器官，鼻、喉、气管和支气管黏膜充血，表面有很多泡沫状黏液，有时混有血液。肺部病变轻重不一，有的只有边缘部分有轻度炎症。严重时病变部位呈紫红色，肺上皮细胞坏死，支气管上皮细胞脱落，肺叶间质明显水肿，支气管和纵膈淋巴结肿大。

（三）诊断

根据猪群突然全群发病，呼吸道症状明显，发烧、咳嗽、咳出物或鼻涕带血丝，食欲减退，扎堆等，可以做出临床诊断。剖检可见肺炎、支气管炎和肺水肿。确诊需要送检病猪血清，做荧光抗体检测、琼脂扩散试验和酶联免疫吸附试验。

（四）防治

流感病毒基因组的重组和重排发生很快，疫苗预防较为困难，可以试用流感疫苗。要加强饲养管理，增强猪群体质，保持猪群健康，防寒保暖，保持猪舍空气清新，强化生物安全措施，定期消毒防疫，防止易感猪与其他种类的动物和家禽接触。

治疗：解热镇痛，如安乃近、复方氨基比林、柴胡等；控制细菌继发性感染，肌注氧氟沙星、环丙沙星、恩诺沙星、头孢青霉素、青霉素＋链霉素、增效磺胺等抗菌药物，同时保证干净充足饮水，水里可以添加电解多维和黄芪多糖、中药银翘解毒散。

六、猪葡萄球菌病（EE）

（一）症状

葡萄球菌病常见于哺乳仔猪，是 5～6 周龄的仔猪常发的一种接触性皮肤病。病初在眼周、耳廓、面颊及鼻背部皮肤，以及肛门周围和下腹部等无毛处皮肤出现红斑，继而形成 3～4 毫米大小的微黄色水泡，溃破后渗出清亮的浆液或黏液，常与皮肩、皮脂和污物混合，干燥后形成椋褐、黑褐色的坚硬厚痂皮，并呈横纹龟裂，有臭味，触之黏手如接触油脂样感觉，故此病俗称"猪油皮病"。强行剥除痂皮，会露出红色多汁的创面，创面多附着带血的浆液或脓性分泌物。皮肤病变发展迅速，病猪无瘙痒，发热也不常见。

（二）病理变化

口、眼、耳周围及腹部，皮肤发红和出现清亮的渗出物，泥土和粪便与渗出物在感染的皮肤上覆盖成一层厚的、棕黑色油腻并有臭味的痂皮。外周淋巴结水肿，肾盂中常有黏液或结晶，可能还有肾炎。

（三）诊断

根据仔猪渗出性皮炎，感染的皮肤上覆盖着一层厚的、棕黑色油腻并有臭味的痂皮，可以做出诊断。确诊则需要送检病猪的痂皮和渗出液，做涂片镜检和细菌分离培养。

（四）防治

加强饲养管理，对猪舍和周围环境进行严格的清洗、消毒，初生仔猪剪牙一定要整齐，产床表面应光滑干燥，可以使用疫苗预防注射产前一月的母猪，有一定的效果。

治疗方法：青链霉素＋鱼腥草注射，双氧水冲洗患处，然后涂抹紫药水。还可以使用密斯脱类产品撒布创面，加速结痂愈合。

七、球虫病

（一）病原

猪的球虫病一般是由艾美耳属和等孢属的球虫引起的。

（二）流行病学

球虫的生活史分为3个阶段：孢子生殖阶段、脱囊阶段和内生性发育阶段。虫体以未孢子化的卵囊传播，但必须经过孢子化的发育过程才具有感染力。猪的球虫常见于仔猪，但成年猪常发生混合球虫感染。球虫病通常影响仔猪，成年猪是带虫者。猪场的卫生措施有助于控制球虫病，及时清除粪便能有效地防止球虫病的发生。

（三）症状

主要发生于7～21日龄的仔猪，也见于3日龄的乳猪。主要临诊症状是腹泻，持续 4～6 天，粪便呈水样或糊状，为白色至黄色，偶尔由于潜血而呈棕色（见图 4-16）。有的病例腹泻是受自身限制的，其主要临诊表现为消瘦与发育受阻。发病率一般为 50％～75％，但死亡率变化较大，有些病例低，有的则可高达 75％。

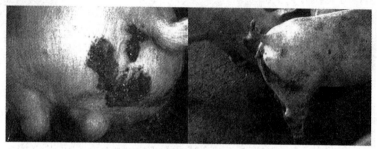

图 4-16　病猪的粪便呈水样或糊状、棕色

（四）病理变化

剖检见急性肠炎，局限于空肠和回肠，肠绒毛萎缩、融合、隐窝增生，可见整个黏膜严重的坏死性肠炎。黄色纤维素坏死性假膜松弛地附着在充血的黏膜上，顶部可能有溃疡与坏死，有的坏死遍及整个黏膜。球虫发育阶段的各型虫体存在于绒毛的上皮细胞内，少见于结肠。在病程的后期，可能会出现卵囊。

（五）诊断

根据 3 周龄内仔猪腹泻，持续 4～6 天，粪便呈水样或糊状，为白色至黄色，潜血则呈棕色，剖检可见急性肠炎等症状，可以做出诊断。确诊则需要送检病猪粪便或肠管病变部的刮屑物，镜检发现卵囊。

（六）防治

搞好环境卫生，做好产房的清洁，产仔前清除母猪粪便，产房用喷雾消毒。灭鼠，限制人员、宠物进入产房，以防带入卵囊。猪舍每次分娩使用后应空舍并再次消毒，用 5％的烧碱喷洒地面、墙壁和猪栏，用火焰喷灯烧灼地板和围栏，杀死卵囊以防新生仔猪感染。

磺胺药和其他药物可用于早期治疗猪球虫病。需对2～3天的仔猪全窝投药。仔猪口服治疗5天，在仔猪饮水中加入抗球虫药或与铁制剂合并使用，目前尚无猪用的抗球虫药，可用三嗪类的百球清(5%的混悬液)治疗猪球虫病，剂量为20～30毫克/千克，口服，可使仔猪腹泻减轻，粪便中卵囊减少，发病率自71%降为22%。也可使用地克珠利、妥曲珠利、海南霉素等药物，既能杀死有性阶段的虫体，也能杀死无性阶段的虫体。

八、猪低血糖症

猪低血糖症是由新生仔猪体内血糖过低(血糖比同龄正常仔猪低2%～3%)而引发的一种代谢病，也称之为乳猪症。

(一)病因

饥饿、寒冷刺激和消化障碍是诱发本病的重要因素。

1.母猪原因

(1)母猪妊娠期饲养管理不良，饲料饲喂不合理，日粮中蛋白质不足或缺乏，产后母乳不足或无乳，致使仔猪长时间饥饿；或初乳过浓，乳蛋白、乳脂肪含量过高，使乳猪产生消化障碍。

(2)母猪患子宫炎、乳房炎等疾病，引起母猪无乳或乳量严重不足。

(3)母猪窝产仔过多，乳头不够，使有的仔猪吃不到或吃不饱。

(4)人工哺乳时没能做到定时、定量，使仔猪长时间吃不饱。

2.仔猪自身的原因

(1)乳猪长时间吮乳不足或根本抢不到乳头。

(2)仔猪自身糖原异生能力低，致使体内脂肪酸和葡萄糖不足，生酮和糖原异生作用成熟慢，加上胃肠功能差，就是吃足了乳也不能充分消化利用。

(3)仔猪肠道内缺乏乳酸杆菌等有益微生物或肝脏内酶类缺

乏或不足等，亦会使仔猪血糖降低。

（4）仔猪患链球菌病、传染性胃肠炎、仔猪溶血病、大肠杆菌病和仔猪先天性震颤综合征等疾病，都会使乳猪吮乳不足或废食，从而引发此病。

（5）当仔猪的血糖降到 50 毫克/100 毫升以下时，就会引发中枢神经障碍，出现神经性症状。

3. 外界环境原因

阴雨、低温、寒冷、潮湿、下雪和冰冻等恶劣天气环境，如猪舍防寒、防雨（雪）和保温效果不良，就会造成仔猪机体代谢率增加、糖耗增多、血糖快速下降等，进而引发本病。

（二）症状

本病多发于出生后 2～7 天的仔猪，以步态不稳、共济失调、畏寒发抖为症状。初期发病仔猪精神倦怠，吮乳停止，四肢无力，步态不稳，反应迟钝。继而卧地不起，出现明显的神经性症状，尖声嚎叫，肌肉震颤，头向后仰，呈角弓反张，四肢呈游泳状划动，瞳孔逐渐散大，眼球不动，对光反应消失，口角流出大量白沫。后期昏迷不醒，意识丧失。病猪皮肤苍白，体温低下，可降到 36℃ 左右。大部分发病猪在出现症状 3～5 小时内死亡，少数拖延 1～2 天，发病仔猪几乎 100% 死亡。

（三）病变

肝脏呈橘黄色，边缘锐利，质脆易碎；胆囊肿大；肾脏淡土黄色，有红色散在出血点。

（四）治疗措施

（1）一旦发现病例，就要尽快补充 10% 的葡萄糖液 20～40 毫升，腹腔注射或皮下分点注射，每隔 3～4 小时 1 次，连用 2～3 天；或 20%～50% 的葡萄糖液 20～30 毫升内服，每天 2 次，连用数日。同时，配合应用复合维生素 B 和维生素 C，效果更好。

（2）加强母猪营养，对病弱猪采取特殊护理，进行人工哺乳。

（3）注意猪舍的防寒保暖。

（五）预防措施

（1）加强母猪的营养，保证为胎儿提供足够的营养。及时淘汰年老体弱的母猪，补充身强体壮的后备母猪，提高母猪泌乳力。母猪产前产后在饲料中应适当添加抗生素。

（2）加强新生仔猪的护理，保证仔猪能及时吃上初乳，并做好体弱仔猪的寄养工作。同时，应避免温度过低、潮湿等不良环境对母猪和仔猪的影响。

九、仔猪缺铁性贫血

（一）病因

母猪的乳汁一般含铁量较低，新生仔猪生长发育迅速，对铁的需要量急剧增加，在最初数周，铁的日需量约为 15 毫克，而通过母乳摄取的铁量每日平均仅约 1 毫克，且新生仔猪体内存在的铁质也较少，因此仔猪发生缺铁性贫血较为常见。在一些饲养规模较大的猪场，猪舍多是水泥地面，最容易引发仔猪缺铁性贫血症，通常发病率高达 90%。仔猪发病主要集中在出生后 2～4 周之内。

（二）症状

常发生在 3～4 周龄的仔猪身上，轻症经过，仔猪生长发育正常，但增重率比正常仔猪明显降低，食欲下降，容易诱发肠炎、呼吸道感染等疾病，轻度呼吸加快。病情严重时，头颈部水肿，白猪皮肤明显苍白且显黄色，尤其是耳和鼻端周围的皮肤；嗜睡，精神不振，心跳加快，心音亢盛，呼吸加快且困难，尤其在轰赶奔跑后，急促的呼吸动作明显加强，而且需较长的时间才能缓慢地恢复平静；严重贫血，可突然死于心率衰竭，但这种情况发生很少。

（三）病变

尸体苍白消瘦，血液稀薄，全身轻度或中度水肿，心脏扩张，肝脏肿大，呈斑驳状和由于脂肪浸润呈灰黄色。

（四）预防措施

仔猪分娩后 2～4 天须补右旋糖酐铁，在一周后再补一次。

（五）治疗措施

（1）口服补铁法：常用的铁制剂有硫酸亚铁，另外还有焦磷酸铁、乳酸铁、还原铁等。为了促进铁的吸收，常配伍硫酸铜共同服用。

（2）注射补铁法：常用的铁制剂多为右旋糖酐铁、铁钴注射液和山梨醇注射液等。在一般情况下，用右旋糖酐铁或铁钴注射液 2 毫升进行深部肌肉注射，一次即愈，必要时一周后再进行半量肌肉注射一次即可。

模块五　牛的生产技术

第一节　牛的品种

一、国内主要的牛良种

（一）晋南牛

晋南牛产于山西省晋南盆地。晋南牛公牛头中等长，额宽，鼻镜粉红色，顺风角为主，角形较窄，颈较粗短，垂皮发达，肩峰不明显。蹄大而圆，质地致密。母牛头部清秀，乳头细小。毛色以枣红为主，也有红色和黄色。成年公牛平均体重 660 千克，体高 142 厘米；成年母牛平均体重 442.7 千克，体高133.5 厘米。该品种公牛和母牛臀部都较发达，具有一定肉用牛外形（见图 5-1）。

公牛

母牛

图 5-1　晋南牛

成年牛在一般育肥条件下日增重可达 851 克，最高日增重1.13 千克。在营养丰富条件下，12～24 月龄公牛日增重 1.0 千克，母牛 0.8 千克。育肥后屠宰率可达 55%～60%，净肉率45%～50%。母牛产乳量 745 千克，乳脂率 5.5%～6.1%，9～

10 月龄开始发情，2 岁配种。产犊间隔 14～18 个月，终生产犊 7～9 头。公牛 9 月龄性成熟，成年公牛平均每次射精量为4.7 毫升。

（二）秦川牛

秦川牛因产于陕西省关中地区的"八百里秦川"而得名。秦川牛角短而钝、多向外下方或向后稍弯，角形一致。毛有紫红、红、黄 3 种，以紫红和红色居多。鼻镜多呈肉红色，亦有黑、灰和黑斑点等色。蹄壳分红、黑和红黑相间，以红色居多。成年公牛平均体重 620.9 千克，体高 141.7 厘米（图 5-2）。

公牛 　　　　　　　　　　　　母牛

图 5-2　秦川牛

中等饲养水平下，18～24 月龄成年母牛平均胴体重 227 千克，屠宰率 53.2%，净肉率 39.2%；25 月龄公牛平均胴体重 372 千克，屠宰率 63.1%，净肉率 52.9%。母牛产乳量 715.8 千克，乳脂率 4.70%。

（三）南阳牛

南阳牛产于河南南阳地区白河和唐河流域的广大平原地区。公牛角基较粗，以萝卜头角为主，母牛角较细。鬐甲较高，公牛肩峰 8～9 厘米。毛色有黄、红、草白 3 种，以深浅不等的黄色为最多，一般牛的面部、腹下和四肢下部毛色较浅。鼻镜多为肉红色，其中部分带有黑点。蹄壳以黄蜡、琥珀色带血筋较多。成年公牛平均体重 647 千克，体高 145 厘米；成年母牛平均体重 412 千克，体高 126 厘米；成牛母牛平均全重 416.0 千克、体高 127.2 厘米（见图 5-3）。

公牛育肥后，1.5 岁的公牛平均体重可达 441.7 千克，日增重 813 克，平均胴体重 240 千克，屠宰率 55.3%，净肉率 45.4%。3～5 岁阉牛经强度育肥，屠宰率可达 64.5%，净肉率达 56.8%。母牛产乳量 600 ～ 800 千克，乳脂率为 4.5%～7.5%。

公牛　　　　　　　　　　母牛

图 5-3　南阳牛

（四）鲁西黄牛

鲁西黄牛主要产于山东西南部，具有较好的肉役兼用体型。公牛头大小适中，多平角或龙门角；母牛头狭长，角形多样，以龙门角较多。鼻镜与皮肤多为淡肉红色，部分牛鼻镜有黑色或黑斑。角色蜡黄或琥珀色。骨骼细，肌肉发达。蹄质致密，但硬度较差，不适于山地使役。被毛从浅黄到棕红色都有，以黄色量多。多数牛有完全或不完全的"三粉"特征（指眼圈、口轮、腹下与四肢内侧色淡）。成年公牛平均体重 644 千克，体高 146 厘米；成年母牛平均体重 366 千克，体高 123 厘米（见图 5-4）。

以青草和少量麦秸为粗料，每天补喂混合精料 2 千克。1～1.5 岁牛平均胴体重 284 千克，平均日增重 610 克，屠宰率 55.4%，净肉率 47.6%。

公牛 母牛

图 5-4 鲁西黄牛

(五)延边牛

延边牛主要产于吉林省延边朝鲜族自治州的延吉、和龙、汪清、珲春及毗邻地区,分布于东北三省。公牛头方额宽,角基粗大,多向外后方伸展成一字形或倒八字角。母牛头大小适中,角细而长,多为龙门角。毛色多呈浓淡不同的黄色,鼻镜一般呈淡褐色或带有黑斑点。成年公牛平均体重 465 千克,体高 131 厘米;成年母牛平均体重 365 千克,体高 122 厘米(见图 5-5)。

公牛 母牛

图 5-5 延边牛

公牛经 180 天育肥,屠宰率可达 57.7%,净肉率 47.23%,日增重 813 克。母牛产乳量 500~700 千克,乳脂率 5.8%~8.6%。

（六）郏县红牛

郏县红牛原产于河南省郏县，毛色多呈红色，故而得名。体格中等大小，结构匀称，体质强健，骨骼坚实，肌肉发达。后躯发育较好，侧观呈长方形，具有肉役兼用牛的体型，头方正，额宽，嘴齐，眼大有神，耳大且灵敏，鼻孔大，鼻镜肉红色，角短质细，角形不一。被毛细短，富有光泽，毛色分紫红、红、浅红3种。公牛颈稍短，背腰平直，结合良好。四肢粗壮，尻长稍斜，睾丸对称，发育良好。母牛头部清秀，体型偏低，腹大而不下垂，鬐甲较低且略薄，乳腺发育良好，肩长而斜。成年公牛体重 608 千克，体高 146 厘米；成年母牛体重 460 千克，体高 131 厘米（见图 5-6）。

公牛　　　　　　　　　　　母牛

图 5-6　郏县红牛

郏县红牛早熟，肉质细嫩，肉的大理石纹明显，色泽鲜红。据对 10 头 20～23 月龄阉牛肥育后屠宰测定，平均胴体重 176.75 千克，屠宰率 57.57%，净肉重 136.6 千克，净肉率 44.82%。12 月龄公牛平均胴体重 292.4 千克，屠宰率 59.9%，净肉率 51%。

（七）渤海黑牛

原产于山东省滨州市。被毛呈黑色或黑褐色，有些腹下有少量白毛，蹄、角、鼻镜多为黑色。低身广躯，后躯发达，体质健壮，形似雄狮，当地称为"抓地虎"。头矩形，头颈长度基本相等。角多为龙门角。胸宽深，背腰长宽、平直，尻部较宽、略显方尻。四肢开阔，肢势端正。蹄质细致坚实。公牛额平直，眼大有神，颈短厚，肩峰明显；母牛清秀，面长额平，四肢坚实，乳房呈黑色。成年公牛体重 487 千克，体高 130 厘米，母牛体重 376 千克，体高 120 厘米(见图 5-7)。

公牛 母牛

图 5-7 渤海黑牛

未经肥育时，公牛和阉牛屠宰率 53.0%，净肉率 44.7%，胴体产肉率 82.8%，肉骨比 5.1∶1。在营养水平较好情况下，公牛 24 月龄体重可达 350 千克。在中等营养水平下进行育肥，14～18 月龄公牛和阉牛平均日增重达 1 千克，胴体重 203 千克，屠宰率 53.7%，净肉率 44.4%。

二、我国牛新品种的培育

随着肉牛改良工作的不断深入，近年陆续报道培育出了生产性能良好、适应当地环境的新型肉牛品种。但这些肉牛品种数量少，有些还在进行生产性能测定，难以满足肉牛产业发展的需要。

(一)夏南牛

该品种于 2007 年通过国家畜禽品种遗传资源委员会的审定。夏南牛由河南省畜禽改良站和河南省驻马店市泌阳县畜牧局共同培育，是以法国夏洛莱牛为父本，以南阳牛为母本，历经 21 年，经精心选育、自群繁育而培育成的肉牛新品种。该品种纠正了南阳牛生长发育慢和产肉率低的缺陷，实现了肉质好、产肉率高、生长发育快的肉牛新品种的发展设想。与从国外引进的肉牛品种相比，适应性更强。

（二）延黄牛

该品种已于 2008 通过国家畜禽品种遗传资源委员会的审定。

（三）辽育白牛

该品种已于 2009 年通过国家畜禽品种遗传资源委员会的审定。辽育白牛是几代畜牧科技工作者经过 30 多年的努力，培育成功的肉牛品种，是以夏洛莱牛为父本，以辽宁本地黄牛为母本级进杂交后，在第四代的杂交群体中选择优秀个体进行横交和有计划选育，采用开放式育种体系，坚持档案组群，形成了含夏洛莱牛血统 93.75%、本地黄牛血统 6.25% 遗传组成的稳定群体。该群体外貌一致，抗逆性强，适应当地饲养条件，耐粗饲，体型大，增重快，繁殖性能优良。

（四）正在培育的肉牛品种

1. 秦宝牛

由西北农林科技大学、杨凌秦宝牛业现代肉牛科技示范园（秦宝牧业）组织实施。秦宝牛是用秦川牛与安格斯牛杂交配套生产的肉牛。

2. 蜀宣花牛

蜀宣花牛属乳肉兼用牛，四川省宣汉县几代畜牧科技人员从 1978 年开始，引进世界优良乳肉兼用牛西门塔尔对宣汉黄牛进行杂交改良，并导入荷斯坦牛血液，历经 32 年，培育成适应南方山地高温、高湿及农区粗放管理条件的第一个乳肉兼用牛品种。

3. 陇东肉牛

由甘肃省畜牧兽医研究所和甘肃省平凉市、庆阳市组织实施。陇东肉牛是用南德温牛、红安格斯牛与陇东黄牛杂交配套生产的肉牛。

4. 河西肉牛

由中国农业科学院兰州畜牧与兽药研究所和张掖市、武威市组织实施。河西肉牛是用西门塔尔牛与河西黄牛级进杂交配套生产的肉牛。

第二节　肉牛的养殖技术

一、肉牛的体形外貌与生长规律

(一)优良肉牛的体型外貌

优良肉牛的体型通常呈长方形或圆桶状，表现为身体低垂、紧凑而匀称，整个体躯宽深，前后躯较长，中躯较短。全身肌肉发达、平整。骨骼细而坚实。皮肤细致、薄而疏松，被毛细密，富有光泽。

理想的良种肉牛应该具备4个矩形的特征，即①前望矩形，由于胸宽而深，鬐甲平广，肋骨十分弯曲，构成前望矩形。②侧望矩形，由于颈短而宽，胸、尻深厚，前胸突出，股后平直，构成侧望矩形。③上望矩形，由于鬐甲宽厚，背腰和尻部广阔，构成上望矩形。④后望矩形，由于尻部平宽，两腿深厚，构成后望矩形。

(二)肉牛生长的基本规律

1. 体重的增长规律

犊牛初生重与成年体重正相关。肉用犊牛早期生长发育快。一般12月龄以前生长速度最快，以后逐渐变慢，到5岁以后生长停止。

肉牛有"补偿生长"的特性。3月龄以后的肉牛，若在生长发育的基本阶段因营养不足而生长减慢，一旦恢复正常饲养条件时，生长速度就比一般牛要快，经过一段饲养后，仍能长到正常体重。但是，由于饲养期拉长，达到相同体重时饲料总消耗高于正常生长的牛。

不同品种牛体重增长速度不同。小型早熟品种比中型和大型晚熟品种在断乳后同样饲养管理条件下，达到胴体等级合格所需时间较短。据 300 头牛试验，夏洛来牛为大型品种，需要育肥 200 天达到 522 千克体重出栏，胴体脂肪比例达到 30%；中小型的海福特牛则需要育肥 155 天达到 470 千克体重出栏，胴体脂肪比例也达到 30%。

2. 体组织增长规律

初生犊牛肌肉、脂肪等发育较差，骨骼占胴体比重较高。幼龄阶段，四肢骨骼生长较快，以后则体躯轴骨的生长强度增大。肉牛育成期，肌肉生长在 8 月龄以前长的快，以后将减慢。脂肪组织从 1 岁以后则由慢到快，到体重 500 千克时可占体重的 30%。

3. 肉牛的消化特点

肉牛是反刍动物，对饲草饲料的转化利用率较高。牛有 4 个胃，即瘤胃、网胃、瓣胃和皱胃。其中，瘤胃最大，占 4 个胃总量的 80%，是饲料的储藏室和发酵罐，瘤胃发酵构成了肉牛等反刍畜的主要消化特性。因此，肉牛对粗纤维利用率高。瘤胃微生物可分泌多种消化酶，将饲料中的纤维素、半纤维素、淀粉、双糖等分解为乙酸、丙酸和丁酸，然后吸收利用。饲养肉牛可利用这个特点，充分利用各种粗饲料，如秸秆、牧草、稻壳等。其中瘤胃中丙酸比例的提高有利于脂肪沉积促进增重，为提高牛瘤胃中丙酸比例，可通过增加谷物类精料。粗料进行粉碎、压粒，日粮中添加瘤胃素等措施以调节瘤胃发酵，可提高丙酸比例，促进肉牛生长。

瘤胃微生物能吸收利用尿素等非蛋白氮化合物。在肉牛饲养中，日粮中蛋白质的质量对牛影响不大，但应保证蛋白质数量，并根据日粮组成，可充分利用非蛋白质含氮物（如尿素），以降低饲料成本。

成年肉牛瘤胃中的微生物能够合成所有 B 族维生素和维生素 K，其数量可以维持牛体健康和生长发育及生产的需要；犊牛阶段瘤胃微生物环境还没有形成，自身不能够合成 B 族维生素和维生素 K，因此，为保证犊牛健康和生长发育需要，需在饲料中补充 B 族维生素、维生素 K 及其他水溶性维生素。

（三）影响肉牛生长发育的主要因素

影响肉牛生长发育的因素包括遗传和环境两个方面，遗传因素主要有品种、性别、母体效应等，环境因素主要有营养条件、饲养管理水平、环境条件。

（1）品种与类型。专门肉用品种牛及杂交肉牛比乳用、兼用牛和役用牛育肥增重快，生长期缩短，有利于快速育肥出栏。早熟品种牛肌肉和脂肪的生长速度较晚熟品种快，大理石纹状肌出现早，故可以早期育肥屠宰；而晚熟品种只有在骨骼和肌肉生长完成后，脂肪才开始沉积。双肌牛生长快，双肌牛指肉牛臀部肌肉过度发育，胴体脂肪比正常牛少 3%～6%，肌肉高 8%～11.8%，骨少 2.5%～5%（如皮埃蒙特牛、夏洛来牛）。用双肌牛肉牛杂交的后代，在 8～17 月龄生长速度较快，饲料利用率高。但双肌牛有繁殖力差、难产率较高、不易饲养管理等缺点。

（2）性别。从性成熟前后到出栏，公犊的生长速度明显超过母犊，肌肉总量大于母犊，母牛肉质好，易育肥。同一品种中，公牛肌肉生长能力最强，脂肪生长速度最慢；而母牛极易生长脂肪，阉牛居于两者之间。

（3）母体效应。一般情况下，母本为大型品种的，比小型母本品种所产犊牛初生重大；泌乳量高的母本品种比泌乳性能低的母本品种所产犊牛在哺乳期增重快，犊牛断奶及其后续生长速度也较快。

（4）年龄。牛的年龄越小，饲料报酬越高；年龄越大，每千克增重所消耗的养分越高，饲料报酬越低；肉牛育肥屠宰年龄以 1.5～2 岁比较经济。肉牛犊在哺乳期提早锻炼其采食饲料能力，可促使犊牛瘤胃和大肠容积增大，提高对粗饲料的消化能力，有利于补偿哺乳后期因母牛产奶量下降和犊牛快速生长发育需要出现的营养供给不足，促进犊牛的生长。

（5）营养水平。在良好的饲养条件下，牛增重速度快，饲料转化率高，出栏早，经济效益高。如果日粮中有充足的蛋白质饲料，则肉质鲜嫩、脂肪含量适中；如果用高能低氮日粮，同样可获得较大日增重，但增重成分主要是脂肪，饲料转化率低。肉牛在饲养不良情况下，生长速度大大降低、肉质差，饲养期延长，致使饲养成本增加，经济效益降低。

（6）季节。以冬季所产犊牛初生重最高，出生后犊牛的生长则以夏秋季节犊牛生长最快。

（7）环境条件。在各种环境条件中，气温对牛生长发育的影响最直接。主要是由于温度不适，易造成营养消耗量增加，消耗了本应该为机体生长发育提供的营养。温度过高过低对增重都不利，一般要求温度 15～21℃较为适宜。环境污染及疾病对牛的生长发育造成危害更大。自然条件，如光照、海拔、湿度等也直接或间接地对牛的生长发育产生影响。其他如充足的饮水、减少运动和安静的环境，都可加速增重。

（四）肉牛生产力测定的主要指标

（1）日增重：日增重是测定牛生长发育和育肥效果的重要指标。

平均日增重＝（期末重－初始重）/饲养期天数

（2）宰前活重：为绝食 24 小时后，临宰前的实际活体重。

（3）胴体重：为宰前活重减去血、皮、头、尾、内脏（不包括肾脏和肾周围脂肪）、腕跗关节以下的四肢、生殖器官及其周围脂肪的重量。

（4）净肉重：为胴体重扣除骨重。

(5)屠宰率$=\dfrac{\text{胴体重}}{\text{宰前活重}}\times 100\%$。

(6)净肉率$=\dfrac{\text{净肉重}}{\text{宰前活重}}\times 100\%$。

(7)胴体产肉率$=\dfrac{\text{净肉重}}{\text{胴体重}}\times 100\%$。

(8)肉骨比$=\dfrac{\text{净肉重}}{\text{骨重}}$。

(9)眼肌面积(cm^2):是指牛 12～13 肋骨间的背最长肌横切面的面积。

(10)料肉比:料肉比是指肉牛每千克增重所消耗的饲料量。

二、肉牛品种和肉牛改良

(一)肉牛的品种

1. 我国的黄牛优良品种

我国的黄牛地方优良品种主要有:秦川牛、南阳牛、鲁西牛、晋南牛、延边牛、蒙古牛、渤海黑牛。

(1)中国黄牛五大良种:

①秦川牛。毛色以紫红色和红色居多,约占总数的 80% 左右,黄色较少。头部方正,鼻镜呈肉红色,角短,呈肉色,多为向外或向后稍弯曲;体型大,各部位发育均衡,骨骼粗壮,肌肉丰满,体质强健;肩长而斜,前躯发育良好,胸部深宽,肋长而开张,背腰平直宽广,长短适中,荐骨部稍隆起,一般多是斜尻;四肢粗壮结实,前肢间距较宽,后肢飞节靠近,蹄呈圆形,蹄叉紧、蹄质硬,绝大部分为红色。肉用性能:秦川牛肉用性能良好,成年公牛体重 600～800 千克,易于育肥,肉质细致,瘦肉率高,大理石纹明显。18 月龄育肥牛平均日增重为 556 克(母)或 720 克(公),平均屠宰率达 60.5%,净肉率52.5%。

②南阳牛。毛色多为黄色,其次是米黄、草白等色;鼻镜

多为肉红色，多数带有黑点；体型高大，骨骼粗壮结实，肌肉发达，结构紧凑，体质结实；肢势正直，蹄形圆大，行动敏捷。公牛颈短而厚，颈侧多皱纹，稍呈弓形，鬐甲较高。肉用性能：成年公牛体重为 650～700 千克，屠宰率在 55.6% 左右，净肉率可达 46.6%。该品种易于育肥，平均日增重最高可达 813克，肉质细嫩，大理石纹明显，味道鲜美。南阳牛对气候适应性强，被引种到多个省区，后代表现良好。

　　③鲁西牛。被毛有棕色、深黄、黄色和淡黄色 4 种，以黄色为主，约占总数的 70%，一般牛毛色为前深后浅，眼圈、口轮、腹下到四肢内侧毛色较淡、毛细而软；蹄色不一，从红色到蜡黄色，多为琥珀色；尾细长呈纺锤形。体型高大、粗壮，结构匀称紧凑，肌肉发达，胸部发育好，背腰宽广，后躯发育较差；骨骼细致，管围较细。

　　④晋南牛。毛色以枣红色为主，其次是黄色及褐色；鼻镜和蹄趾多呈粉红色；体格粗大，体较长，额宽嘴阔，俗称"狮子头"。骨骼结实，前躯较后躯发达，胸深且宽，肌肉丰满。肉用性能：晋南牛属晚熟品种，产肉性能良好，平均屠宰率52.3%，净肉率为 43.4%。

　　⑤延边牛。在体型外貌上，延边牛属肉役兼用品种。毛色多呈浓淡不同的黄色，其中浓黄色占 16.3%，黄色占 74.8%，淡黄色占 6.7%，其他占 2.2%。鼻镜一般呈淡褐色，带有黑点。胸部深宽，骨骼坚实，被毛长而密，皮厚而有弹力，公牛额宽，头方正，角基粗大，多向后方伸展，成一字形或倒八字形角，颈厚而隆起，肌肉发达。母牛头大小适中，角细而长，多为龙门角。延边牛产肉性能良好，易育肥，肉质细嫩，肌肉横断面呈大理石纹状。18 月龄育成牛经育肥 180 天体重可达456 千克，屠宰率 57.7%，净肉率 47.2%。

　　(2)蒙古牛。蒙古牛是中国北方分布最广的地方品种。原产于内蒙古大兴安岭东西两麓，主要分布在内蒙古自治区及相邻的新疆、甘肃、宁夏、陕西、山西、河北、辽宁、吉林、黑龙江等省（自治区）的部分地区，以其中的乌珠穆沁牛、呼伦贝尔盟牛较为出名。

体型外貌：蒙古牛体格中等，在产区偏乳肉兼用型。毛色以黄褐、红褐色为多。头粗重、额宽，角向上前方弯曲。颈长适中、垂皮小。鬐甲低平，背腰平直，后躯窄，尻部窄，尻尖斜。四肢强健，后腿肌肉不丰满。

生产性能：成年公牛体重 330～500 千克；母牛 320～400 千克，体高 109～123 厘米。该牛产肉性能偏低，受饲草供应季节性、气候条件等因素影响较大。8 月下旬屠宰的上等膘母牛，屠宰率为 51.5％；4 月下旬屠宰的母牛屠宰率仅为 40.2％。蒙古牛体质强健，对严寒、风沙、饥饿具有较强的抵抗力，适应性强，群体大，分布广，是杂交肉牛生产的主要母本品种。

2. 引入我国的主要肉牛品种和兼用牛品种

（1）夏洛来牛。夏洛来牛原产地为法国的夏洛来地区和涅夫勒省，是世界上著名的大型肉牛品种。

体型外貌：体型大，骨骼粗壮，颈短粗，胸宽深，背长平宽，四肢粗壮，臀部肌肉圆厚丰满，尻部常出现隆起的肌肉，具有"双肌牛"特征。

生产性能：成年公牛体重 1100～1200 千克，母牛 700～800 千克，在强度饲养管理条件下，12 月龄体重达 500 千克以上，最高日增重 1.88 千克。产肉性能好，脂肪含量少，瘦肉多，肉质细嫩，屠宰率一般为 60％～70％。缺点是纯种繁殖死胎、难产率高，平均难产率为 13.7％。用夏洛来牛改良我国本地黄牛，可明显加大后代体型，并且生长速度加快。

（2）西门塔尔牛。西门塔尔牛原产地为瑞士阿尔卑斯山区及法国、德国和奥地利等。是世界著名的乳肉兼用型牛品种。

体型外貌：体型大，骨骼粗壮结实，肌肉丰满。毛色为黄白花，头、胸、腹下和尾帚多为白色。头大颈短，眼大，角细呈白色并向外向上弯曲。前躯发育良好，胸深，背腰长平、宽直，尻部长宽而平直。四肢结实。乳房发育中等，泌乳力强。

生产性能：成年公牛体重 1000～1300 千克，母牛 650～800 千克。产乳量比肉用牛高，产肉性能于专用肉牛品种水平接近，适应性好，耐粗饲。胴体瘦肉多，脂肪少，肉质好。屠宰率一般为 55％～60％，经育肥的公牛屠宰率可达 65％，平均日增重 603 克。每头牛年均产奶 4070 千克(一个标准泌乳期 270～305 天)。

用西门塔尔牛改良本地黄牛效果显著。杂交后代优势体现为体型加大，生长较快，产乳性能明显提高。

(3)利木赞牛。利木赞牛原产地为法国中部的利木赞省，现主要分布在维埃纳等三省，属欧洲的大型肉牛品种。

体型外貌：体型高大，全身肌肉丰满，骨骼较夏洛来牛略细致，体躯长而宽。肩部毛色较深，腹部、四肢内侧及尾帚较浅。角为白色，蹄为红褐色。公牛角短而粗，向两侧伸展，并略向外弯曲，肩峰隆起；母牛角细向前弯曲，四肢强健。

生产性能：成牛公牛体重 950～1200 千克，母牛 600～800 千克。肉质细嫩，沉积脂肪少，瘦肉率 80％～85％，屠宰率 63％。

用利木赞牛改良我国本地黄牛效果较好，后代在体型、生长速度和产肉性能方面都有较大改善。

(4)海福特牛。海福特牛产于英国英格兰西部的海福特县。其性情温顺，适应性强，现分布于世界各地。属小型肉用牛品种。

体型外貌：具有典型的肉用体型。被毛暗红色，而头、颈垂、四肢下部及尾端一般为白色。头短额宽，角呈蜡黄色或白色，向两侧稍向下方弯曲，母牛角尖也有向上弯曲的。颈短粗多肉，胸宽深，肋开张，背腰宽、平直，臀部丰满、宽平而深，体躯肌肉丰满。海福特牛分有角和无角 2 种。

生产性能：18 月龄体重达 725 千克，成年公牛体重 850～1100 千克，母牛 600～700 千克。国内试验，屠宰率一般为 60％～65％，净肉率达 57％。肉质细嫩多汁，肉呈大理石(五花肉)状，产肉率高，耐粗饲，抗病力强，适于放牧。

用海福特牛改良我国本地黄牛，改良后代产肉性能提高，增重快。

(5)皮埃蒙特牛。皮埃蒙特牛产于意大利北部的皮埃蒙特地。属中型肉用牛品种。

体型外貌：颈短厚，上看呈方形；腹部上收，体躯较长；臀部外缘特别丰圆，具有"双肌牛"的典型特征。公牛皮肤灰色或浅红色，头部眼帘、眼窝、颈、肩、四肢、身体侧面和后腿侧面有黑色素；母牛皮肤为白色或浅红色，也有暗灰或暗红色。角在 20 月龄变黑，成年牛基部 1/3 为浅黄色；鼻镜、唇、尾尖、蹄等处为黑色。

生产性能：肉用性能好，早期增重快，1～4 月龄日增重为 1.3～1.5 千克。肉质好，肉嫩度较优。成年公牛体重 1000～1300 千克，母牛体重 650～800 千克，屠宰率为 66％，胴体瘦肉量达 340 千克，肉内脂肪含量比一般牛低 30％，含量为 11.5％，净肉率 60％。

用皮埃蒙特牛改良本地黄牛，杂交效果较好，犊牛初生重比本地牛高 25％左右，其成年牛体型加大，后躯丰满，生长发育明显加快。

(二)肉牛的杂交改良

1.肉牛杂交改良的目的及意义

肉牛杂交改良，就是应用肉用性能好、适应性强的国外专用品种为父本，如夏洛来、西门塔尔、海福特等专用品种，对当地肉用性能偏低的地方品种进行杂交改良。杂交方法属于品种间杂交。杂交后代具有生长快、饲养效率高、屠宰率高的优势，即所谓的杂交优势。由于我国北方地区牛的地方品种多为黄牛，所以肉牛杂交改良也常被称为黄牛改良。

肉牛杂交技术的应用，既可以充分利用本地品种资源丰富、适应性强、繁殖力强的优势，同时又通过比较经济有效的方式引入专用品种牛的优良基因，大幅度提高生产性能，是现代肉牛生产中解决牛品质的最有效途径。

2. 杂交改良的效果

地方品种黄牛具有耐粗饲、适应性强、肉质好的优点，但生长速度慢、生产水平低、出栏率低。通过引进国内外优良品种进行二元杂交或三元杂交，不仅提高了后代生长速度，而且增加了产肉量，降低了饲养成本。主要体现在以下三个方面：

一是体型外貌好。黄牛经过杂交改良，牛体形明显增大，随着代数的提高，体形逐步向父本类型过渡，用西门塔尔牛改良黄牛，向乳肉兼用型方向发展；用夏洛来、海福特、皮埃蒙特等改良黄牛，向肉用型方向发展。

二是生长发育快。试验表明，杂交改良牛的初生重增大，生长发育快。

三是生产性能高。不同杂交组合改良牛，生产性能比本地品种都有显著提高。据测定，用肉用夏洛来牛改良本地黄牛，杂种 1 代牛均产肉量达 135.6 千克，比本地牛增加 27%。用西门塔尔牛改良本地黄牛，后代西杂母牛与本地牛产奶量比较，产奶性能显著提高，据测定，西杂母牛平均日产奶量达 8.03 千克，乳脂率 4.4%，乳蛋白 3.8%，乳糖 4.82%，干物质 14.56%。

3. 黄牛改良人工输精的技术要点

(1)发情鉴定。采用外部观察和直肠触摸卵泡法相结合，以直肠检查卵泡发育程度为主要依据。根据卵泡发育程度，确定人工输精的时间。

发情鉴定四看：一看神色。发情母牛敏感，躁动不安，不喜躺卧。神色异常，回首眸视。寻找其他发情母牛，嗅闻其他母牛的外阴，下巴依托牛臀部并摩擦。二看爬跨。发情牛常追爬其他母牛或接受其他牛爬跨。三看外阴。发情牛阴门肿胀潮红，原有的大皱纹展平。四看黏液。随着发情的加重，黏液量增多，发情末期黏液透明，其中夹有不均匀的乳白色黏液，最后变为乳白色，量少。

(2)精液解冻。用长柄镊子从储藏罐中取出细管冻精，清除细管表面液氮，立即放入 38～40℃水中解冻，全部融化后取出，擦干水，剪开不带棉塞的一端，把有棉塞一端装在输精枪推杆上，套上外套备用。要求每批冻精在 38～40℃下镜检，要求活力在 0.3 以上。

(3)输精。保定待配母牛，用温水将阴门及附近冲洗干净，擦干。输精员五指并拢成锥形插入直肠，把握住子宫颈，另一手持输精枪，由阴门缓缓插入，平插至子宫颈口，枪前端深入子宫颈口内 2/3 处，将输精枪稍微后拉即可输精。

(4)输精后 40～60 天进行妊娠诊断。

三、肉牛的日粮配合技术

(一)肉牛的主要营养素和日粮配比常用参数

1. 肉牛的营养需要

肉牛的营养需要主要包括能量、蛋白质、矿物质、维生素、水。

(1)能量。肉牛的能量需要分为维持需要和增重需要两部分。维持需要是指不增重也不减重，仅维持正常生理活动(维持生命)时所需要的能量。增重需要是指肌肉、脂肪、骨骼等增长或沉积时所需要的能量。育肥牛采食的营养物质，只有在高于维持需要时才能有剩余能量用于增重需要，用于增重的能量越多，增重也越快。牛饲料能量价值的评定，世界上多数国家以净能或综合净能表示，我国将肉牛的维持和增重所需的能量统一起来采用综合净能表示，并以肉牛能量单位(RND)表示。即以 1 千克中等玉米所含的综合净能 8.08 兆焦为 1 个肉牛能量单位。饲料中碳水化合物是能量的主要来源，为充分利用肉牛瘤胃消化粗纤维的特点，可以较多地供给肉牛优质粗饲料。

(2)蛋白质。牛的各种器官组织的主要成分都是蛋白质，蛋白质是生命的物质基础，也是牛肉的主要成分。其需要量因肉牛的年龄、体重、增重速度和育肥方式不同而有较大差异。饲料中蛋白质供应不足会造成肉牛消化机能减退、生长缓慢、体重减轻、抗病力减退，严重缺乏时甚至会引起死亡。育成牛和育肥牛可以通过瘤胃内微生物及脲酶的作用，利用非蛋白氮合成菌体蛋白，所以可用尿素、碳酸氢铵等非蛋白氮作为饲料中蛋白质的补充来源。犊牛瘤胃发育不全，微生物合成功能不完整，所以在犊牛阶段必需喂给优质蛋白饲料，如全乳、脱脂乳粉和优质豆科牧草等。

（3）矿物质。矿物质是构成体组织和细胞的最主要成分。影响肉牛生长的主要矿物质元素有以下几种。

①钙和磷。钙和磷是牛体内含量最多的矿物质，钙是细胞和组织液的重要成分，磷是核酸、磷脂、磷蛋白的组成成分。牛的日粮中钙磷的适宜比例为(2~1):1。日粮中若缺乏钙磷或比例不当，则肉牛食欲减退、消瘦、生长不良，犊牛易患佝偻病，成年牛患软骨症或骨质疏松易断。磷缺乏时，牛出现"异食癖"，表现为爱啃骨头、砖块等。但也要注意适量，钙、磷过多也会影响牛的生产性能。

②氯和钠。氯和钠对维持牛体内酸碱平衡、细胞及血液间渗透压有重要作用，可保证体内水分的正常代谢，调节肌肉和神经的活动。氯参与胃酸的形成。缺乏钠和氯，牛表现为食欲下降，生长缓慢，减重，泌乳下降，皮毛粗糙，繁殖机能降低。肉牛日粮中对钠和氯的供给一般靠食盐即可。在肉牛日粮配方中，植物性饲料特别是秸秆中含钠和氯较少，因此食盐一般占日粮干物质的 0.15%～0.25%，或按混合精料的 0.5%～1% 补给。

③硫。硫是蛋氨酸、胱氨酸、半胱氨酸的组成成分。硫对蛋白质合成，碳水化合物代谢，以及激素构成、被毛生长均具有重要作用。肉牛瘤胃中的微生物能够利用无机硫把非蛋白氮化合物（如尿素）合成含硫氨基酸，因此肉牛喂尿素时补充硫元素效果好，氮和硫之比以 15:1 为宜。

④硒。硒是谷胱甘肽过氧化物酶的组成部分。这种酶有抗

氧化作用，能把过氧化脂类还原，防止这类毒素在体内积蓄。犊牛缺硒会引起白肌病，主要表现为营养性肌肉萎缩，横纹肌上有白色条纹，心肌损伤，心脏肿大。日粮中硒过量也会出现中毒。

⑤铁。铁是造血元素。饲料中严重缺乏铁时，肉牛易患贫血症。犊牛比较敏感，典型症状是低色素贫血症，食欲减退、毛变粗糙、轻度或重度腹泻。铁供给量过高会引起磷的利用率下降，导致软骨症，还会引起瘤胃弛缓，甚至中毒。

⑥铜。铜对血红素的形成有催化作用，还是多种酶的组成成分和激活剂。饲料中严重缺铜时易发生贫血症、骨质疏松、心肌纤维变性，甚至突然死亡。日粮中铜量过高会引起中毒，尤其是犊牛对过量铜耐受力弱。

⑦锌。锌在肌肉、皮毛、肝脏、成牛公牛的前列腺及精液中含量较高。锌可防止皮肤干裂和角质化，参与碳水化合物代谢。日粮中缺乏锌时，肉牛生长受阻、皮肤溃破、被毛脱落、公牛睾丸发育不良。青草、糠麸、饼粕类含锌量较高，玉米和高粱含锌量较低。日粮中含锌量过高易引起缺钙。

⑧锰。锰参与骨骼的形成、性激素和某些酶的合成。锰严重缺乏时，犊牛软骨组织增生而引起关节肿大，站立不稳，发生"溜腱症"，死亡率增高。青绿饲料和糠麸中含锰量较高，谷实及块根、块茎中含量较低。

⑨钴。肉牛瘤胃中的微生物能利用钴合成维生素 B_{12}。牛缺乏钴时，食欲不振、精神不佳、消瘦、贫血，犊牛生长不良。缺钴还易感染结核病。

（4）维生素。维生素对维持肉牛的健康、生长和繁殖有十分重要的作用。成年牛体内能够合成 B 族维生素及维生素 K、维生素 C，这些维生素一般除哺乳期犊牛外不会缺乏。在肉牛日粮中要注意供给足够的维生素 A、维生素 D 和维生素 E。

维生素 A。它能促进细胞增殖、器官上皮细胞的正常活动，维持正常视力。缺乏维生素 A 时，牛采食下降、生长停滞、消瘦，出现干眼症或夜盲症，牙齿发育不良，母牛受胎率低，易流产或产死胎。生长育肥牛每千克日粮干物质含维生素 A 不应低于 2200 国际单位，相当于 β-胡萝卜素 50.5 毫克。植物性饲料中不含维生素 A，但青绿饲料和优良青干草中含有丰富的胡萝卜素，可在牛肝脏内转化成维生素 A。

维生素 D。维生素 D 可以增加肠对钙和磷的吸收。维生素 D 缺乏会影响钙、磷的代谢，牛食欲不振、体质虚弱、四肢强直、被毛粗糙。幼牛患软骨症，成年牛骨质疏松、关节变形。动物性饲料、自然干燥的青干草是维生素 D 的重要来源。日光紫外线照射有利于维生素 D_3 的转化，所以肉牛要经常晒太阳。

维生素 E。又名生育酚，在牛体内起催化和抗氧化作用。犊牛若缺乏维生素 E 可能患白肌病、心肌和骨骼肌萎缩变性、运动障碍，甚至突然死亡。一般犊牛每千克日粮干物质中维生素 E 应不低于 15～16 国际单位，成年牛正常日粮所含维生素 E 可以满足需要。

（5）水。水在牛体内占 60% 左右，是生命活动不可缺少的物质。水可以溶解、吸收、运输各种营养物质，排泄代谢废物，调节体温。牛饮水不足，影响消化吸收，代谢废物排泄不畅，代谢紊乱，体温上升，易患病。

2. 肉牛日粮配合的原则

肉牛的日粮是指肉牛一昼夜所采食的各种饲料的总量，其中包括精饲料、粗饲料和青绿多汁饲料等。

对肉牛日粮进行合理配比的目的是在生产实际中获得最佳生产性能和最高利润，因此，肉牛的日粮配合应遵循以下原则。

（1）适宜的饲养标准。我国肉牛的饲养标准是根据我国的生产条件，在 26℃、舍饲和无应激的环境下制订的，在实际生产中应根据实际饲养情况做出必要的调整。

（2）日粮组成要多样化。为了保证肉牛的正常采食量和生长发育，配合日粮宜采用多种饲料进行合理搭配，可以使营养得到互补，提高饲料利用率。饲料种类要保持相对稳定。

（3）充分利用当地饲料资源。因地制宜，就地取材，选择资源充足、价格低廉的原料，特别是要充分利用当地农副产品，可以降低饲养成本。

（4）保证饲料安全卫生。配合日粮时，要求所用饲料品质优良、无污染，应具有一定的新鲜度，具有该品种应有的色、嗅、味和组织形态特征，无发霉、变质、异味及异臭。

（5）适当的精粗比例，采食量要适中。根据牛的消化生理特点，适宜的粗饲料对肉牛健康十分必要，以干物质为基础，日粮中粗饲料比例一般在 40％～60％。一定范围内，当日粮中精料比例加大时，采食量加大，饲料消化率提高；但日粮食入能量超过 2 倍维持量之后，随着食入能量的增加消化率和采食量反而降低。所以，过多的利用精料，并不能达到预期目的。只有在强度育肥期，可以采用高精料日粮，精料比例最高可达到 70％～80％，并添加小苏打以调节酸碱度。

（6）注意可消化性。牛的采食量大，日粮通过消化道快。饲料易消化，牛不仅能多采食，而且单位日粮的消化率也提高。所以，日粮应选择易消化、易发酵的饲料。

（7）适口性要好。日粮适口性好，牛采食量随之增大。日粮组成多样化能提高适口性。对日粮进行调制加工，不仅可提高适口性，也提高了消化率。

3. 日粮配比常用参数

一般情况下粗料占 70％～80％，精料占 20％～30％；高能量日粮、强度育肥日粮中精料比例可以达到 70％，强度育肥前应设 15～20 天的恢复过渡期。一般育肥牛青储饲料占日粮比例不宜超过 65％，即每天饲喂青储 15～20 千克，同时要添加 10～15 克小苏打。白酒糟在日粮中添加量一般为 10～20 千克。非蛋白氮类饲料提供的总氮含量应低于饲料中总含氮量的 10％。出栏体重专门化品种杂交牛体重以达到 450～600 千克为宜，地方良种及其杂交牛体重达到 350～500 千克。

（二）肉牛日粮配制的方法与步骤

1. 日粮配制的方法

日粮配制的方法有电脑配制法、方形对角线法、试差法和联立方程法等。

（1）电脑配制法：是利用线性规划的原理，借助电子计算机，考虑多种可变因素（如原料种类）和限制因素（包括营养和非营养限制因素），其项目可多达 50 种，用来配合最低成本日粮配方，此方法迅速、准确，但需要一定的设备条件，多是在大型现代化牛场应用。目前市场上已开发出装载"饲料配方师"软件的专门电子设备。

（2）对角线法，也称十字交叉法、方形法、图解法等。适合计算蛋白质饲料的配合，以及配制饲料种类较少的日粮时应用。

（3）试差法，也称凑数法。计算复杂，但可以考虑多种饲料、多种成分的需要，应用较为普遍。

2. 日粮配制基本步骤（以试差法为例）

第一步，根据牛群的性别、年龄、体重和预期日增重，查出肉牛的营养需要；

第二步，根据当地资源，确定所用饲料的种类，并查出营养成分和价格；

第三步，根据肉牛体重和日增重，确定采食量、精粗料比例；第四步，设计各种饲料的大致用量，计算出可能提供的养分；

第五步，将初步配方提供的各种养分与营养需要比较，进一步调整配方，直到满足需要；

第六步，折算出各种饲料原料的实际用量，上述配合日粮是根据干物质基础计算的。因此，再根据每种饲料的干物质（％）含量，换算成以各种饲料原料的实际用量，组成所需要的配合日粮。

（三）常见饲料储制加工技术

1. 秸秆氨化

（1）操作方法。有四种：一是堆储法，适用于液氨处理的大批量生产；二是窖储法，适用于氨水或尿素处理的中、小规模生产；三是小垛法，适用于尿素处理的少量生产制作农户；四是缸储法与袋储法，适用于尿素处理和少量生产。

（2）处理过程（以尿素堆储法为例）。

①选择向阳、高燥，不受人畜踩踏的地方，平场、挖窖、围栏。大量氨化时可以不挖窖，平地应用厚度 0.08～0.2 毫米的聚乙烯塑料膜铺底和封垛。一块 6 平方米铺底，另一块 10 平方米用于封垛，可以处理秸秆 2.2～2.5 吨，容积 35 立方米左右（每立方米约 60 千克）。也可用青储窖，要求四壁光滑，底微凹（储积氨水），窖底、上口衬塑料布（大于口 1 米左右）。准备好铁锹、钳子、铁丝、口罩、手套、风镜等工具。

②季节和天气：以秋季 8～10 月份、春季 4～6 月份为好，尤以 8～9 月份最好，选择晴朗、高温天气，在上午高温时处理为好。

③垛堆装窖（缸、袋等）：堆储法或窖储法均可先将塑料布铺底（中部微凹，利于储积氨水），麦秸或玉米秸最好是新的，陈的要保存好的（切忌保存霉捂的秸秆），要求材料干燥，含水量在 10% 以下。将垛麦秸或玉米秸铡短至 2～3 厘米，以现用现铡为好，草垛底5 米×5 米，垛高 2.5 米。

④氨源加热溶解：加尿素量为 3%～5%，即每百千克秸秆加 3～5 千克尿素，加入 15～20 千克水中，加热使其加速溶解。

⑤趁热喷洒：趁热（40℃以上）喷洒在秸秆上，力争喷洒均匀。

⑥密闭氨化，喷完后立即包严压实，四周留宽 0.5～0.7 米余头，上下两层薄膜卷紧，用湿土压住，确保密闭不漏气。

（3）密封反应时间与成熟度。密封时间：环境温度 30℃以上，7 天；15～30℃，7～28；5～15℃，28～56 天；5℃以下，56 天以上。

成熟度的感官确定。处理良好的秸秆，色泽为黄褐色或棕色，气味糊香，质地柔软。

(4)开封放氨。根据氨化天数，并参看秸秆颜色变褐色即可开垛放氨。经自然通风，将氨味全部放掉才能喂用，一般需 2～5 天。

2. 青储技术

1)青储的原理

青储的过程主要是乳酸菌厌氧发酵的过程。当把窖封好后，里面的氧气逐渐减少，乳酸菌大量繁殖，使窖内酸度增高，把其他杂菌杀死，最后达到一定程度后，乳酸菌自身也停止活动，使青储料可以长时间地保存。

2)原料

一般来讲，所有青饲料只要糖度不低于 1％～1.5％均可以进行青储。但以玉米、高粱等秸秆最易青储成功；豆科牧草如苜蓿、豆秧等不宜单独青储，南瓜、西瓜秧也不能单独青储，需与玉米、高粱秸秆混储。以玉米秸秆上保留 1/2 的绿叶时最好；若 3/4 的叶片干枯时，每 100 千克需添加 5～15 千克水，玉米秸秆全株叶片枯黄则不宜再青储。

3)设施及储量设计

青储设施有很多，如青储窖、青储壕、青储塔等，其建造时总的要求是：场址地表应土质坚硬、地势高燥、地下水位低，靠近畜舍，远离水源和粪坑；窖池底部要坚固、不透气、不漏水；四壁要光滑平坦，四角为弧形，上口较下口稍大，池底不宜用水泥硬化，宜用"三七"土(生石灰与黏土 3:7 比例混合)夯实。青储池的尺寸没有固定模式。一般按每立方米玉米秸秆重550 千克来计算容积。一般情况下，架子牛以青储作为主要粗饲料的强度育肥模式下，按照育肥期 100 天、日均饲喂青储饲料10～15 千克计算，每头育肥牛需要准备青储 1～1.5 吨，需要

2～2.5立方米的窖容量。

4）青储步骤

①将青储原料收运至窖边，用铡草机将秸秆切碎，为2～3厘米的段，最好不带圪节，玉米秸等较粗的作物秸秆最好不超过1厘米。

②窖底铺一层10厘米厚的干草，将秸秆一边切碎一边装填入池，逐层铺平压实，特别是四边和四角一定要压实。含水量以65%～70%为宜，最低不少于55%。切短的秸秆用手抓起，用力拧挤，以见有水滴但不成串滴出为宜，过干、过湿均不利于青储。如果水分不足要均匀洒水，如水分过大要稍加晾晒，也可适当加一些麸皮。中小型窖尽量当天装完，防止雨淋。

③密封：青储料要添加至高出池沿30～40厘米，顶部堆成馒头型，用塑料膜覆盖，用泥土封严，封顶2、3天后在下陷处用土填平，以不漏气、不漏水为原则。四周要留排水沟。

密封一个月即可开池。青储好的玉米秸秆气味芳香，质地柔软，茎叶分明，呈黄绿色，是牛、羊非常爱吃的粗饲料。饲喂时要注意从一端开始，边取边喂，取后随时用塑料布覆盖，切忌掏洞或全部把塑料布掀开，雨季要防止池内进水。

3.秸秆微储技术

1）秸秆微储的原理

秸秆微储的过程，就是在农作物秸秆中，加入微生物高效活性菌种——秸秆发酵活杆菌。

将作物秸秆放入密封的容器中（水泥池、土窖）储藏，经一定的发酵过程，使农作物秸秆变成具有酸、香味、草食畜禽喜食的饲料。

2）储窖池的建造

储窖池的建造和青储窖相似，也可用青储窖。

3）秸秆微储步骤

①秸秆的准备：应选择无霉变的新鲜秸秆，麦秸铡短2.5厘米，玉米秸最好铡短至1厘米左右或粉碎。

②复活菌种并配制菌液。根据当天预计处理秸秆的重量，计算所需菌剂的数量，每袋秸秆发酵活杆菌 3 克，可处理麦秸、稻秸、玉米秸秆 1 吨或青料 2 吨。先将菌种袋剪开，倒入 2 升水中，充分溶解（有条件的可在水中加白糖 20 克溶解后，再加入菌种，以提高菌种复活率，保证微储料质量）。然后在常温下放置 1～2 小时使菌种复活，配好的菌剂一定要当天用完。

将复活好的菌剂倒入充分溶解的 0.8%～1% 食盐水中搅匀，一般情况下，每吨黄玉米秸需加水 800～1 000 升（以喷水后储料含水量达到 60%～70% 计算）、盐 6～8 千克。

③碎秸秆分层装窖。约 20 厘米厚为一层，逐层均匀喷洒复活好的菌剂。在操作中要随时检查储料含水量是否均匀，层与层之间不要出现干夹层。检查方法，取秸秆用力握攥，指缝间有水但不滴下，水分约为 60%～70% 最为理想。在微储麦秸秆和稻草时应加 3% 左右的玉米粉、麸皮或大麦粉，以利于发酵初期菌种生长，提高微储质量。

④封窖。秸秆分层压实直到高出窖口 100～150 厘米，充分压实后，在最上面一层均匀洒上食盐，其用量为 250 克/平方米，其目的是避免微储饲料上部发生霉烂变质，然后压实，盖塑料薄膜。在上面撒上 20～30 厘米厚的稻草、麦秸，覆土 20 厘米以上，密封。目的是为了隔绝空气与秸秆接触，保证微储内呈现厌氧状态。在窖边挖排水沟防止雨水积聚。窖内储料下沉后应随时填土使之高出地面。

⑤开窖。根据气温情况，秸秆微储料一般需在窖内储藏 21～45 天才能取喂。

开窖时应从窖的一端开始，先去掉上边覆盖的土层、草层，然后揭开塑料薄膜，从上到下垂直逐段取用。每次取出量应以当天喂完为宜，坚持每天取料。每层所取的料一般不应少于 15 厘米，每次取完后应用塑料薄膜将窖口密封，尽量避免与空气接触，以防止二次发酵和变质。

开始饲喂时肉牛要有一个适应期，应由少到多逐渐增加喂量，一般育肥牛每天可喂 15～20 千克，冻结的微储应先化开后再用。由于制作微储时加入了食盐，应在饲喂时从日粮中扣除。

4)秸秆微储的质量鉴定

可根据微储饲料的外部特征，用看、嗅和手感的方法，鉴定微储饲料的好坏。

看：优质微储青玉米秸秆的色泽呈现橄榄绿；稻、麦秸秆呈现金黄色。如果变成褐色或黑绿色则质量较差。

嗅：优质秸秆微储饲料具有醇香和果香气味，并具有弱酸味。若有强酸味，表明醋酸较高，这是由于水分过高和高温造成的。若有腐臭味、发霉味则不能饲喂。

手感：优质微储饲料拿到手里感到很松散，质地柔软湿润。若拿到手里发黏，或者粘到一起，说明质量不佳。有的虽然松散，但干燥粗硬，也属不良的饲料。

4. 秸秆饲料的其他调制方法

(1)热喷。将秸秆送入压力罐内，通入饱和蒸汽，在一定压力下维持一段时间，然后突然降压喷爆，由于受热效应和机械效应作用，将秸秆撕成乱麻状，使秸秆粗纤维部分降解，粗纤维含量降低，提高了消化率。若将尿素、磷酸铵等氨源添加后热喷，可以进一步提高秸秆的营养价值。

(2)膨化。将含有一定水分的秸秆放入膨化机设备中，经过高温高压处理 5～20 秒，迅速加压使其膨胀，撕裂木质素组织，秸秆变得松软且容易消化。

(3)揉搓。采用揉搓机，常温常压下将秸秆揉搓成柔软的丝条状，增加适口性，有效提高吃净率。

(4)碱化处理。利用氢氧化钠溶液、石灰乳等喷拌秸秆，利用碱性物质中和酸碱度、破坏纤维结构、溶解半纤维素，从而提高秸秆的消化率。以氢氧化钠做碱化处理的饲料，饲喂前需用水冲洗除去余碱。

四、肉牛的饲养管理

(一)繁殖母牛的饲养管理

养好繁殖母牛,提高牛群的繁殖成活率,保证母牛每年能够繁殖一头健壮的犊牛,这是提高整个肉牛业经济效益的关键一环。在母牛的饲养管理中,人们把母牛产前 1 个月到产后 70 天称作母牛饲养的"关键 100 天",母牛一年中的精饲料主要在这 100 天里喂,而且,这 100 天饲养管理的好坏,对母牛的妊娠、分娩、泌乳量,产后发情、配种受胎和犊牛初生重及断奶重、犊牛的健康和正常发育等都十分关键。

1. 空怀母牛的饲养管理

空怀母牛的饲养管理主要围绕提高受配率、受胎率,充分利用粗饲料,降低饲养成本而进行。繁殖母牛在配种前应具有中上等膘情,在日常饲养管理工作中,倘若喂给过多的精料而且运动不足,易使牛过肥,造成不发情,在肉用母牛的饲养管理中经常出现,必须加以注意。但在饲料缺乏、营养不全、母牛瘦弱的情况下,也会造成母牛不发情而影响繁殖。实践证明,如果母牛前一个泌乳期内给以足够的平衡日粮,同时使役较轻、管理周到,能提高母牛的受胎率。瘦弱母牛配种前 1~2 个月加强饲养,适当补饲精料,也能提高受胎率。

母牛发情后应及时予以配种,防止漏配和失配。对初配母牛应加强管理,防止野交早配。经产母牛产犊后 3 周要注意其发情情况,对发情不正常或不发情者,要及时采取措施。一般母牛产后 1~3 个情期,发情排卵比较正常,随着时间的推移,犊牛体重增大,消耗增多,如果不能及时补饲,往往造成母牛膘情下降,发情排卵受到影响,产后多次错过发情期的母牛受胎率降低。如果出现此种情况,应及时进行直肠检查摸清情况,对症施治、慎重处理。

母牛出现空怀,应根据不同情况加以处理。造成母牛空怀的原因,有先天和后天两个方面。先天不孕一般是由于母牛生殖器官发育异常，如子宫颈位置不正、阴道狭窄、幼稚病、异性孪生的母犊和两性畸形等。先天性不孕的情况较少，在育种工作中应注意淘汰那些携带致病隐性基因的牛；后天性不孕主要是由于营养缺乏，饲养管理、使役不当及生殖器官疾病所致。

成年母牛因饲养管理不当造成不孕，在恢复正常营养水平后大多能够自愈。在犊牛时期由于营养不良致使生长发育受阻，影响生殖器官正常发育而造成的不孕，则很难用饲养方法补救。若育成母牛长期营养不足，往往导致初情期推迟，初产时出现难产或死胎，并且影响以后的繁殖力。

运动和日光浴对增强牛群体质、改善牛的生殖机能有密切关系。牛舍内通风不良、空气污浊、夏季闷热、冬季寒冷、过度潮湿等恶劣环境，极易危害牛体健康，敏感的个体很快停止发情。因此，改善饲养管理条件十分重要。

2. 妊娠母牛的饲养管理

妊娠母牛的饲养管理主要是保证胎儿的正常发育和安全分娩及产后的正常泌乳，防止流产、难产。妊娠前期母牛对营养物质的需要并无明显增加，到了妊娠后期则增加显著。一般从妊娠第 5 个月开始就应加强营养，中等体重的妊娠母牛，除供应平常的日粮外，每天还需补加 1.5 千克精料，妊娠最后 2 个月，每天应补加 2 千克精料。但也要看粗饲料的品质好坏，如果在青草季节，有充足的青草可以采食，补充精料量可以适当减少，甚至不喂精料。切记不能把妊娠母牛喂得过肥，以免影响分娩。

在妊娠母牛的日粮中，除应供应足够的能量和蛋白质外，还必须供应足够的维生素 A，尤其在冬季和早春。缺乏维生素 A 会引起母牛流产和产后胎衣不下、犊牛生后虚弱等现象。冬季缺乏青绿饲料时，应补喂青储饲料、胡萝卜或大麦芽。妊娠母牛日粮必须由品质良好的饲料组成，变质、霉败、冰冻的饲料不能喂，以防引起流产。妊娠后期不喂或少喂棉子饼、菜子饼和酒糟等。

在妊娠前期和中期，饲喂次数和一般牛一样，每昼夜 3 次。妊娠后期饲喂次数可增至每昼夜 4 次，每次喂量不可过多，以免压迫胸腔和腹腔。每天饮水 3～4 次，水温不应低于 8～10℃，严禁饮过冷的水。妊娠母牛应注意"五不饮"：清晨不饮冷水，出汗不急饮，饥饿时不饮，带冰水不饮，脏水不饮。从分娩前 10 天开始停喂青储饲料，日粮应由优质干草和少量精料组成。

母牛妊娠后期应专槽饲养，以避免与其他牛抢槽、抵撞，造成流产。圈舍应保持清洁干燥，应经常刷拭牛体，保持卫生。要进行适当运动，妊娠 7 个月内可照常使役，但不可过重。不可让其急转弯，不干转圈的活。产前 2 个月应减轻或停止使役。最好每天牵遛 1～2 小时。

3. 泌乳母牛的饲养管理

包括分娩前后的饲养管理和泌乳期的饲养管理。

1）分娩前后的护理

临产期的母牛应停止放牧、使役，给予营养丰富、品质优良、易于消化的饲料。产前半个月，最好将母牛移入产房，由专人饲养和看护，出现临产征兆，要估计分娩时间，准备接产工作。母牛分娩前乳房发育迅速，体积增大，腺体充实，乳头膨胀。阴唇在分娩前一周开始逐渐松软、肿大、充血，阴唇表面皱纹逐渐展平，分娩前 1～2 天，阴门有透明黏液流出。分娩前 1～2 周，骨盆韧带开始软化，产前 12～36 小时，荐坐韧带后缘变得非常松软，尾根两侧凹陷。临产前母牛表现不安，常回顾腹部。后躯摇摆，排粪尿次数增多。每次排出量少，食欲降低或废绝。上述临产征兆是母牛分娩前的一般表现，由于饲养管理、品种、胎次和个体之间的差异，表现往往不完全一致。必须根据具体情况，全面观察，综合分析，才能做出正确判断。

在正常的分娩过程中，母牛可以自然地将胎儿产出，不需要过多的人为帮助。但是对于初产母牛、倒生或分娩过程较长的牛，要进行助产，以缩短其分娩过程，保障母牛和犊牛的安全。

分娩使母牛体内损失大量的水分，分娩后应立即给母牛饮喂温麸皮汤。一般用温水 10 升，加麸皮 0.5 千克，食盐 50 克，搅拌后喂给，有条件的加 250 克红糖效果更好。母牛产后易发生胎衣不下、食滞、乳房炎和产褥热等症，要经常观察，发现病牛及时请兽医治疗。

2)泌乳期的饲养管理

泌乳母牛的采食量和营养需要量，在母牛各个生理阶段最高也最关键。热能需要量增加 50%，蛋白质需要量加倍，钙、磷需要量增加 3 倍，也需要大量的维生素 A 和维生素 D。母牛日粮中如果缺乏这些物质，易引起犊牛生长停滞、下痢、发生肺炎或佝偻病等，严重时还可损害母牛健康。为了使母牛获得充足的营养。应给以品质优良的干草和青草，豆科牧草是母牛蛋白质和钙的良好来源。为了使母牛获得足量的维生素 A，可多喂给青绿饲料，冬季可加喂青储饲料、胡萝卜和大麦芽等。

母牛分娩后的最初几天，体力尚未恢复，消化机能很弱，必须喂给容易消化的日粮，粗料应以优质干草为主，精料最好用小麦麸，每天 250～500 克，逐渐增加，并加喂其他饲料。3～4 天后可转为正常日粮。母牛产后恶露排净之前，不可喂给过多的精料，以免影响生殖器官的复原和产后发情。

(二)犊牛的饲养管理

包括初生犊牛的护理、犊牛的饲养管理和犊牛的早期断奶。

1. 初生犊牛的护理

(1)清除口鼻及躯体上的黏液。犊牛出生后，首先清除口鼻内的黏液，犊牛已吸入黏液而造成呼吸困难时，可拍打犊牛胸部，或握住犊牛的两后肢将其提起，头部向下，拍打其胸部，使之排出黏液，开始呼吸。

犊牛躯体上的黏液，如母牛正常产犊，母牛会立即舔食而无须进行擦拭，这样有助于犊牛呼吸，加强血液循环。由于母牛唾液中酶的作用，容易将黏液清除干净，而且溶菌酶有消毒作用，可以预防疾病。黏液中含有催产素，母牛舔食可以促其子宫收缩，排出胎衣。加强乳腺分泌活动，提高母性能力。一些初产母牛不知道舔食犊牛身上的黏液，可在犊牛身上撒些麸皮，诱使其学会舔食。

（2）脐带处理。犊牛出生时往往自然地扯断脐带。无论扯断与否，都需在距犊牛脐部 10～12 厘米处用消毒剪刀剪断，并挤出脐中的黏液，再用 5% 的浓碘酊充分消毒，以免发生脐炎。保持犊牛脐带处的清洁、干燥，认真落实各项管理措施。

脐带在犊牛出生后一周左右干燥脱落，当长时间不干燥并有炎症时，可断定为脐炎，应请兽医治疗。脐带不干燥的原因除被感染外，有时脐部漏出尿液，也可使脐部经常湿润不干。因为胎儿时期的尿管细，在脐带断裂时，没有与脐动脉一块退缩到腹腔内，而附着在脐部，因而经常有尿液漏出。一般情况下，几周后可以自愈，个别情况需要外科处理。

（3）称重、登记。做好上述各项处理后，在犊牛吃上奶之前，应称量初生重，并做好记录，登记犊牛的父母号、毛色和性别。留作种用的犊牛，称重应按育种和实际生产的需要进行，一般在初生、6 月龄、周岁、第一次配种前都应称重。在犊牛称重的同时，还应进行编号，并记录于档案之中，以便于管理，有利于育种工作的进行。养牛数量少时，可以从牛的毛色和外形区分。但数量多时则很难区分。给牛编号，最常用的方法是按牛的出生年份、牛场代号和该牛出生的顺序号等。习惯头两个号码为出生年，第三位代表牛舍号，以后为顺序号，例如 121103，表示 2012 年出生 1 号牛舍顺序 103 号牛。有些在数字之前还列字母代号，表示性别、品种等。

（4）尽早吸吮初乳。犊牛出生后要尽快让其吃上初乳。初乳是母牛产犊后 5～7 天内所分泌的乳汁，其色深黄而黏稠，成分和 7 天后所产的常乳差别很大，尤其是第一次初乳最重要，第一次初乳所含的干物质量是常乳的 2 倍，其中维生素是常乳的 8 倍，蛋白质是常乳的 3 倍。这些营养物质是初生犊牛正常生长发育必不可少的,并且其他食物难以取代。因为初乳中含有大量的免疫球蛋白,具有抑制和杀死多种病原微生物的功能,可使犊牛获得免疫。而初生犊牛的肠黏膜又能直接吸收这些免疫球蛋白,这种特性随着时间的推移而迅速减弱,约在犊牛生后36小时消失。其次,初乳中含有丰富的盐类,其中镁盐比常乳高1倍,使初乳具有轻泻性,犊牛吃进充足的初乳,有利于排出胎便。另外,初乳酸度高,进入犊牛的消化道,能抑制肠胃有害微生物的活动。

初乳所含的营养物质,随母牛产犊时间的推移而逐渐下降。因此,为使犊牛能获得较多的营养和发挥初乳的特殊功能,不仅要让犊牛吃到初乳,而且要尽早吃到初乳。出生后10~15小时,如仍然吃不到初乳,犊牛将失去吮吸初乳的机会。吃不到初乳的犊牛死亡率甚高,一般在生后0.5~1小时内就应喂给初乳。通常在第一次饲喂大型品种的健康犊牛时,初乳的喂量是2千克,体弱者0.75~1千克,切记第一次不能给予过多的初乳,以防消化机能紊乱。以后几天每天可按体重的1/5~1/4计算初乳的喂量,将每日喂量分为3~4等份,喂3~4次。初乳挤出后,要及时饲喂,不宜久放。奶温应保持在35~38℃,如奶温过低,可将奶壶放在热水中隔水加热到38℃后再喂。奶温过低,易引起犊牛胃肠道疾病;奶温过高,则可能损伤口腔和胃黏膜。

2. 犊牛的饲养管理

肉用犊牛的饲养管理,一般采用自然哺乳。如果母牛是放牧饲养,犊牛也应跟随母牛一起放牧。回舍后,为避免挤踏伤害犊牛,应把犊牛单独关在犊牛栏内,每隔4~6小时放出哺乳1次。如为舍饲,母牛与犊牛应分栏饲养,每隔4~6小时哺乳1次。5日龄开始补喂优质干草、青草,20~30日龄开始补喂精料。到3月龄,每头每天可吃精料0.5千克。肉用母牛产后40天左右为泌乳旺期,如果母牛的日泌乳量超过10千克,则犊牛往往吃不完,如不及时采取措施,容易引起犊牛消化道疾病和母牛乳房炎，这些措施包括寄养其他犊牛、人工挤乳或调整母牛日粮，适当降低饲喂标准的方法。

自然哺乳的犊牛，其生长发育的好坏和母牛泌乳量有直接关系。如果母牛泌乳量不足，不能满足犊牛的营养需要，则犊牛生长发育将受到影响。特别是出生早期，犊牛还不能吃其他饲料，只靠母乳维持营养，泌乳量不足，将影响犊牛的生长发育。因此，必须经常观察母牛的泌乳情况，注意调整母牛的日粮水平，保证其分泌足够的乳量哺喂犊牛，并随时观察犊牛的食欲、精神状态和粪便情况。在改良牛的犊牛中，母牛泌乳量满足不了杂一代犊牛的需要的问题相当普遍，应当从多方面加以解决。如在杂交过程中引入产乳量较高的肉用品种或肉乳兼用品种的血液；改善母牛妊娠后期和哺乳期的饲养管理条件，补喂蛋白质饲料、青饲料或青储料等。

肉用犊牛也有采用保姆牛来哺乳的，一头低产的乳用母牛或西门塔尔杂种母牛，日产奶 12～16 千克，可同时哺喂 2～3 头肉用犊牛或供育肥用的奶用犊牛。但必须对母牛和犊牛进行调教训练。保姆牛哺育的犊牛，开始补草补料的时间和方法与上述方法相同，哺乳期一般 6 个月。犊牛栏应每天清扫，保持清洁干燥，垫草要勤换、勤添。

3. 犊牛的早期断奶

犊牛一般在 5～6 月龄断奶。早期断奶指在出生后 35 天内断奶。早期断奶的优点是：使犊牛快速进入育肥场；缩短母牛的配种间隔；减少母牛的营养需要量，使母牛利用更多的粗饲料；延长纯种母牛的使用寿命；早期断奶犊牛的肉料比高。肉用犊牛早期断奶的原则：在 35 日龄内断奶，喂给犊牛蛋白质、能量、维生素和微量元素含量平衡、适口性好的日粮；在断奶前 2～3 周给犊牛试喂开食料；给犊牛注射维生素 A 和维生素 D。

早期断奶的时间以 35 日龄最好，其优点是犊牛容易饲喂，母牛容易恢复，并且可确保母牛每 12 个月繁殖 1 头犊牛。在犊牛生后1周改喂常奶的同时，开始训练犊牛采食代乳料。代乳料须含有20％以上粗蛋白、7.5％～12.5％的脂肪和72％～75％的干物质。为促进犊牛的生长发育，增加瘤胃的消化机能，可适当提早训练犊牛吃植物性饲料（包括青草、青干草及混合精料）。犊牛的断奶时间应视犊牛的生长发育情况而定，一般犊牛每天能吃1千克左右的犊牛料时便可断奶。

例如，吃7天初乳后断奶，人工喂食全价代乳粉的配方是：脱脂乳粉69％，动物性脂肪24％，乳糖5.3％，磷酸钙1.2％，每千克代乳粉加入35毫克四环素及适量维生素A和维生素D。每千克代乳粉中加7.5千克水，按正常喂奶量喂给犊牛。具体方法是，从15日龄开始在熟料中兑入少量奶，引诱犊牛采食，待犊牛会吃后停止加奶。

早期断奶的犊牛，在饲喂人工乳或代乳料初期，易发生消化不良以至下痢。为减少这些疾病的发生，必须在15日龄前接种瘤胃微生物，对初生重过小或瘦弱的犊牛，可延长哺乳期。气温过低的季节，也应适当延长哺乳期。

为了培育体质健壮而又适于集约化管理的幼牛，犊牛断奶后，最好进行放牧管理，以保证幼牛采食到新鲜可口、营养丰富的豆科、禾本科牧草，而且充足的运动和光照可促进其生长发育。冬季没有放牧条件时，要适当补饲，并驱赶其在草场或运动场上锻炼四肢，防止蹄病。刚断奶的小牛对外界的适应能力较弱，体温调节机能也差，容易受各种疾病的侵袭，必须加强护理。要求牛舍清洁干燥、通风良好，用具要卫生。冬季栏内要多铺垫草，采取有效的防风保温措施，防止因栏内潮湿和天气骤变，或冷风吹入引起幼牛感冒和引发肺炎。

（三）育肥牛的饲养管理

1. 肉牛的育肥方式

肉牛的育肥方式分为持续育肥和后期集中育肥。

(1)持续育肥是指犊牛断奶后，立即转入育肥阶段进行育肥，一直到出栏。持续育肥可采用放牧加补饲育肥法，或者采用放牧——舍饲——放牧育肥法、舍饲育肥法。持续育肥方式的特点：肉牛生长速度快，在饲料利用率较高的阶段进行，加上饲养期较短，所以育肥效果良好，生产的牛肉肉质鲜嫩且成本较低。

①放牧加补饲育肥法。该法适用于牧区，犊牛断奶后，就地以放牧为主，根据草场情况早晚适当补给精料或干草。其特点是：精料消耗较少，但要求草场质量高。

②放牧——舍饲——放牧育肥法。该法适用于半农半牧区。利用夏秋季饲草饲料资源较为丰富的特点进行放牧，冬季气温低时改为全舍饲，这样能保持一定的日增重(500 克左右)。第二年青草旺盛后再进行全放牧，18 月龄牛体重达 300 千克以上。

③舍饲育肥法。适用于专业化的肉牛育肥场(户)，犊牛断奶后采用全舍饲的持续育肥法，育肥期给以高营养的饲料，使牛一直保持较高的日增重到出栏。其特点：肉牛在整个饲养期，供给牛犊以精料为主的日粮进行育肥，此方法不经济、成本高。但如果以生产高档牛肉(如犊牛小白牛肉生产)，可采用此方式。

(2)后期集中育肥。称强度育肥或快速育肥、架子牛育肥。即选择 15～20 月龄的架子牛组群，驱除体内外寄生虫后，利用精料型的日粮(以精料为主搭配少量的秸秆、青干草或青储料等)进行 3 个月左右的短期强度育肥，达到出栏体重(400～450 千克)，即屠宰出售。其特点：消耗饲料少，成本较低，并可增加牛群周转次数，比较经济。

肉牛后期集中育肥，为节约精料用量，可充分利用加工副产品(糟渣类饲料)、干草、尿素和青储料(青草)等，并保证清洁饮水。方法如下：

①放牧加补饲育肥法。此方法简单易行，便于广大养牛户掌握使用。以当地资源为主，成本低，效益高。

1～3 月龄，犊牛以哺乳为主；4～6 月龄，除哺乳外，每日补给 0.2 千克精料，自由采食，同时补给 25 克土霉素粉；6 月龄末断奶；7～12月龄半放牧半舍饲，每日补饲玉米0.5千克，生长素20克，人工盐25克，尿素25克，补饲时间在20:00点以后；13～15月龄放牧；16～18月龄经驱虫后，实行后期集中育肥，即整日放牧，每日分3次补饲青草、玉米1.5千克，尿素50克，生长素40克，人工盐25克。

在青草期可进行放牧并补加精料或尿素育肥。青草期育肥牛混合精料按干物质计算，其料草比一般为1:(3.5～4.0)。补饲精料应包含能量饲料、蛋白质补充料及钙、磷、食盐等矿物质饲料。每千克混合精料的营养成分为：干物质894克，增重净能1.089兆焦，粗蛋白质164.3克，钙11.83克，磷8.69克。育肥前期每头每日喂混合精料2千克，肥育后半期喂精料3千克。精料日喂2次，粗料日喂3次，充分自由采食。据报道，夏杂一代在青草季节整日放牧，日补饲精料3千克，在52天的育肥期中，平均日增重达到1.34～1.55千克，较蒙古牛提高2.1～2.59倍。

我国北方冬季寒冷，野生牧草进入枯草期，继续放牧达不到增重育肥的效果。因此，在枯草期要转入舍饲育肥。将牛转入农区舍饲育肥，多采用塑料暖棚。

②粗饲料为主的舍饲育肥。这种育肥方式下，粗饲料占日粮总量的70%～80%，适量补饲能量饲料，就能基本满足肉牛增重需要。按照粗饲料的不同种类分氨化秸秆育肥、青储料舍饲育肥、微储秸秆舍饲育肥、糟渣类农副产品育肥等。

A. 氨化秸秆育肥。以氨化秸秆为主要饲料，每日每头补1.5～2千克精料，可使育肥牛达到一定增重水平。

白万丰、闫灵奇等(承德地区畜牧站，1990)报道，将体重200千克的肉牛，用短缰绳拴在简易牛棚内，限制其过量活动，单槽定时饲喂，日喂2次，平均日增重可达1千克以上。育肥牛日粮组成为：氨化玉米秸粉14千克，配合饲料2千克，添加剂33克，食盐33克。

河北省畜牧兽医研究所报道，以体重平均297.4千克杂种公牛，每100千克活重喂氨化麦秸2.48千克，或喂氨化玉米秸2.83千克，每天每头平均喂1.5千克棉仁饼。在80天育肥试验中，平均日增重分别为644克和744克，分别比喂未氨化麦秸或玉米秸组牛日增重提高45%和85%。

B. 青储料舍饲育肥。青储玉米秸是育肥肉牛的优质饲料，再补喂一些混合精料，能达到较高的日增重。例如，体重375千克的黑白花杂种公牛进行育肥，每日每头饲喂玉米秸12.5千克，混合精料6千克(棉籽饼25.7%，玉米面43.9%，麸皮29.2%，骨粉1.2%)，另喂食盐30克。育肥期104天，平均日增重1.654千克。

利用青储玉米育肥牛时，随着精料喂量的逐渐增加，青储玉米秸的采食量逐渐下降，日增重、饲养成本上升。在自由采食青储玉米秸时，加喂占青储干物质2%的尿素对增重有利，尤其是300千克体重以上的肉牛，效果更好。

对于青储玉米秸，饲喂的头几天，在原有日粮中加少量青储料，经几天过渡后，再增加喂量。青储饲料占日粮比例不宜太高，一般不超过65%，并增加贝壳粉用量，减少食盐用量，同时要添加10~15克小苏打，以减少有机酸危害。

C. 微储秸秆舍饲育肥。据报道，牛采食微储秸秆的速度比采食一般秸秆提高30%~45%，采食量增加20%~30%；若每天再补饲精料2.5千克，肉牛的平均日增重可达1.32千克。

秸秆微储制作工艺简单，易学易做，可制作的季节长，便于错过农忙和雨季，易于储存，饲喂方便，并且无毒无害，其制作成本相当于氨化秸秆的20%，饲喂效果与氨化相似。它成本低、效益高，值得在肉牛育肥中推广应用。

D. 糟渣类农副产品育肥。酒糟、甜菜渣、豆腐渣等都是育肥牛的好饲料。我国劳动人民在长期的养牛实践中，积累了丰富的经验。

利用酒糟育肥300~400千克体重的牛，也可取得较高日增重。通常采用的日粮为：白酒糟15~20千克，玉米面2.5千克，豆饼1千克，骨粉50克。中午以饲草为主，添加少许精料，早晚以酒糟、精料为主，平均日增重可达1.3～1.65千克。饲喂酒糟时应注意的问题：要保证酒糟优质新鲜，暂时喂不完可采取袋式、缸式、堆式或窖式法进行封闭储藏，也可采用制作氨化饲料的方法对酒糟进行氨化处理。冬季的冻酒糟块应在室内融化开后再喂牛。喂酒糟时应由少到多，循序渐进，逐步适应。在育肥过程中，如发现牛出现湿疹、膝部的球关节红肿与腹部鼓胀等症状，应暂停饲喂，适当调整饲料，以调整其消化机能。

在甜菜产区，可利用甜菜渣育肥牛。成年牛初期每头牛喂20～25千克，中期逐渐增加到30～35千克，末期降到25千克。在整个饲喂期内，每日增加饲喂干草2千克，秸秆3千克，混合精料0.5～1.5千克，食盐50克，尿素50克。应注意的问题是：在大量喂甜菜渣时要减少饮水。在饲喂干甜菜渣时，喂前应充分浸泡6～10小时后再饲喂。

豆腐渣具有一定的营养价值，并且容易消化。1千克湿豆腐渣相当于130克玉米的粗蛋白质，或150克棉籽壳的粗蛋白质。每头牛每日喂豆腐渣20千克，玉米面0.5千克，食盐30克，谷草5千克，日增重平均可达1千克左右。

③高能日粮强度育肥。对2.5～3岁、体重300千克的架子牛可采用高能量（每千克含10.88兆焦代谢能以上）混合料，或日粮中精料比例5%以上，应有15～20天的过渡期，使牛适应。具体方案为：1～20天，日粮中粗料比例为45%，粗蛋白质12%左右，每头日采食干物质7.6千克；21～60天，日粮中粗料比为25%，粗蛋白质10%，每头日采食干物质8.5千克；61～150天，日粮中粗料比例为20%～15%，粗蛋白质10%，每头日采食干物质10.2千克。

应注意的问题：由粗料型向精料型过渡时要实行一日多餐，防止育肥牛臌胀病及腹泻，经常观察牛的反刍情况，发现异常及时治疗，保证牛饮水充足。

（3）淘汰牛育肥

淘汰牛指丧失或接近丧失劳役能力和繁殖力的老、弱、瘦、残牛。对这类牛进行短期催肥，然后屠宰，可提高屠宰率和净肉率。增加肌肉和肌肉内脂肪，不仅提高经济效益，还可改善肉质提高皮板质量。育肥淘汰牛的日粮中要多增加能量饲料，并注意加工与调制，以增加适口性，使其容易消化吸收。

在农区，对淘汰牛可进行舍饲短期育肥。每头牛日喂玉米面2千克，豆粕0.5千克，酒糟15～20千克，骨粉50克，食盐50克，添加剂50克。粗饲料以青储等为主，让牛自由采食，可使肥育牛每日增重在1.25～1.5千克。饲喂时应定时定量，日喂3次，将混合精料加水与粉碎玉米秸拌匀，少喂勤添，每次采食时间1.5～2小时，采食后1小时给牛饮水。

（4）高档牛肉生产技术简介

①小牛肉指犊牛出生后采用较高营养水平的日粮饲养至1周岁，体重达到450千克的小牛屠宰后所产的牛肉。肉质鲜嫩多汁、蛋白质含量高、低脂肪，风味独特营养丰富，是一种高档牛肉。小牛肉的生产过程是育肥与犊牛生长同时进行，犊牛出生后采食初乳，3日后改为人工哺喂牛乳或代乳料。1月龄内按体重的8%～9%喂给牛奶或代乳料，1～6日龄日喂奶量基本不变，青草、青干草自由采食。7～10日龄开始训练采食精料，逐渐增加至0.5～0.6千克，供给精料高热量、易消化饲料，添加维生素A、维生素D。6～8月龄每天增至2～3千克，到8月龄体重达到250～300千克屠宰，或育肥到1周岁屠宰，屠宰率58%～62%。

②白牛肉又称"小白牛肉"，指犊牛出生后14～16周龄内（90～100天），完全用全乳、脱脂乳、人工代乳料哺乳，体重达到95～125千克时屠宰所生产的牛肉。平均每增重1千克约消耗10千克牛乳或13千克代乳料。小白牛肉肉质细嫩、味道鲜美，带有乳香气味，肉质全白色或捎带浅粉色，蛋白质比普通

牛肉高 27.2%～63.8%，脂肪低 95%，且氨基酸、维生素齐全。为国际上高端餐饮业的抢手货。

③高档大理石花纹肉利用青年架子牛通过强化育肥饲养生产出的具有大理石花纹的优质高档牛肉。选择 12～14 月龄、体重 300 千克的架子牛，经过 6～8 个月持续育肥，18～22 月龄活重达到 500 千克以上屠宰。胴体表面脂肪覆盖率 80% 以上、颜色淡白，背部脂肪厚度 1 厘米以下，牛肉大理石花纹明显，符合美国牛肉胴体评定 1～2 级标准，肉色为樱桃红色、多汁鲜嫩，剪切值(嫩度指标)4.5 千克以下。在国内星级酒店、肥牛火锅店具有较高需求量。

2. 肉牛育肥期管理

1)育肥牛的日常管理

①育肥前驱虫并防治疫病。

②实行"五看""五净""一短"。"五看"指看采食、看饮水、看粪尿、看反刍、看精神状态是否正常。"五净"指草料净、饲槽净、饮水净、圈舍净、牛体净。"一短"指短绳，即在舍饲条件下，用 1～1.5 米长的绳子拴系饲养，减少牛只因运动造成的能量消耗，以利于提高增重。

③去角。为了防止因抵架造成损失，同时也有利于育肥，犊牛可在 7～30 日龄时去角。方法是将生角基部的毛剪去，用棒状苛性钠(氢氧化钠)蘸水后涂擦角基部，至表皮有微量血液渗出为止。

④抓住育肥有利季节。在四季分明的地方，春秋季节育肥效果最好。一般说来，在气温 5～21℃ 环境中，最适宜牛的生长。在冬季，白天喂后让牛在舍外晒太阳，傍晚进入棚舍，注意防寒。

2)提高育肥效果的措施

①选用好的品种。利用国外优良肉牛品种的公牛和我国地方品种母牛杂交，或国内优良地方品种间的杂交。利用杂交后代的杂种优势，对提高育肥肉牛的经济效益有重要作用。我国

地方品种牛用西门塔尔牛改良，产奶产肉效果都较好；用海福特牛改良，能提高早熟性和牛肉的品质；用利木赞牛改良，牛肉的大理石花纹明显改善；用夏洛来牛改良，后代的生长速度快、肉质好；用安格斯牛和我国地方品种杂交，杂交牛抗逆性强，偏早熟，牛肉品质好。

②利用公牛育肥。过去，为了便于饲养管理并获得优质牛肉，一般习惯将公牛去势后再肥育。近年来的许多研究表明，不去势公牛的生长速度、饲料转化率均明显高于阉牛，且胴体瘦肉多、脂肪少。现在许多国家都用公牛直接肥育，以高效率生产大量优质牛肉。一般公牛的日增重比阉牛提高 14.4%，饲料利用率提高 11.7%。公牛育肥可在 18～23 月龄屠宰。

③选择适龄育肥牛。年龄对育肥牛增重影响很大，一般规律是：肉牛 1 岁时增重最快，2 岁时增重仅为 1 岁时增重的 70%，3 岁时增重又只有 2 岁时增重的 50%。年龄较大、较瘦的架子牛因其采食量较大，增重也较快。

④选择好的架子牛。架子牛选择非常重要，有"架子牛七成相"之说，民间从事肉牛购销的经纪人，在长期实践中总结了一些非常实用的经验，其最终目标都是尽可能选择体型大、皮肤松弛柔软、性情温顺的牛。这种牛易饲喂、生长快，有利于增加育肥的效果。

⑤合理搭配饲料。按照肥育牛营养需要标准配合日粮，正确使用饲料添加剂，注意合理利用非蛋白氮。日粮中的精料或粗料应多样化，提高适口性，也利于营养补充和提高增重。冬季育肥应采用暖棚育肥，应加喂少量胡萝卜等多汁饲料，以增加牛对干草、秸秆的采食量，并对育肥牛的增重、健康有很大好处。

易地育肥时，育肥牛开始育肥时应设 10～15 天的适应期，多饮水、多给草、少给料，以后精料逐渐增加，饲喂日程可每日 2 次或每日 3 次，做到定时定量。一般情况下，先喂粗料、后给精料，如果未经铡碎的饲草，可先粗后精。对于用小麦秸、玉米秸等粉碎后的干粉料，可混入精料加水拌湿喂给，冬季拌干些，夏季拌湿些。

⑥对育肥牛要精心管理。育肥前要进行驱虫和疫病防治，育肥过程中勤检查、细观察，发现异常及时处理。严禁喂发霉、变质的草料。注意饮水卫生，要保证充足、清洁饮水，每天至少2次，饮足为止。冬季水温应不低于20℃，要经常刷拭牛体，保持体表干净。春秋季节要预防体内外寄生虫病的发生。圈舍要打扫卫生。保持舍内空气清新，冬暖夏凉。育肥期间应减少牛只的运动，以利提高增重。实行全进全出，每出栏一批牛，要对圈舍进行彻底清扫和消毒。

3. 高档牛肉生产技术简介

高档牛肉是指制作国际高档食品的优质牛肉，要求肌纤维细嫩，肌肉间含有一定量的脂肪，所做的食品既不油腻，也不干燥，鲜嫩可口。它是肉类中经济效益最高的产品，目前我国高档牛肉生产还不能满足国内需要。由于各国传统饮食习惯不同，高档牛肉生产都有不同要求。美国、加拿大、巴西等美洲国家希望高档牛肉中含有适度脂肪。英国、德国、意大利、法国等欧洲国家希望少含或不含脂肪。日本、韩国、东南亚各国希望含有较丰厚的脂肪，日本人以"和牛"为最优牛肉。

(1)高档牛肉应具备的主要指标。

①严格控制牛龄：育肥牛要求挑选6个月龄断奶的犊牛，体重在200千克以上，育肥到18～24月龄屠宰最大不得超过龄30月龄；

②胴体：育肥牛到18～24日龄屠宰前的活重应达到450～500千克以上。

③选择优良品种：我国目前尚无专门化肉牛品种。育肥高档肉牛最好挑选国外肉牛品种公牛与本地黄牛杂交的一代公牛。杂交一代肉牛具有较强的杂种优势，体格大，生长快，增重高，牛肉品质优良，优质肉块比例较高。此外，我国地方良种黄牛如秦川牛及西门塔尔、夏洛来、利木赞、短角等肉用品种的杂

交种，也同样具有较好的肉用性能，可以生产出高档牛肉。

④牛肉品质：牛肉嫩度；大理石花纹；肉块重量。

⑤多汁：牛肉质地松弛，多汁色鲜；风味浓香。

⑥烹调：符合西餐烹调要求，国内用户烹调食用满意。

(2)生产高档牛肉必须具备的条件。

①有稳定的销售渠道，牛肉售价较高；

②有优良的架子牛来源(或牛源基地)；

③具备肉牛自由采食、自由饮水或拴系舍饲的科学饲养设备；

④有较高水平的技术人员；

⑤有优良丰富的草料资源；

⑥有配套的屠宰、胴体处理、分割包装储藏设施。

(3)育肥。优质肉牛育肥期一般为6～8个月；生产高档牛肉所需要的育肥时间较长，视牛的肥度状况而定，一般为8～12个月。

增重期：育肥牛购进后，由于饲养方法和饲养种类发生巨大的变化，需经过一个月左右的适应期，使其逐步适应以精饲料为主的饲养管理方式，如果是未阉割的牛，阉割后的恢复期可以作为适应期。适应期内精饲料的饲喂量精饲料喂量应由少到多逐渐增加，7～10天达到规定喂量，粗饲料要保持均衡供应，不要轻易更换。

粗饲料以青储玉米秸秆和酒糟等为主，粗饲料约占总日粮的40%～50%。管理上育肥牛不要喂太饱，喂至8～9成饱即可。喂时先精料后粗料，日喂3次，定槽专人饲养，喂后放入室外运动栏内饮水。做到室内、牛体环境卫生清洁。

(4)肥育牛的管理：

①按照卫生防疫程序进行免疫，杜绝疫病传播。

②夏季防暑、冬季防寒，使牛只能生活在7～27℃的适宜生长发育的温度环境之中，快速生长发育。

③及时除粪、天天清扫清洗牛床、牛槽、水槽。

④草料要切短、检净，严防异物污染(无铁钉、塑料等)。

⑤天天刷试，保证牛体干净。

⑥充足供应干净饮水，拴系式每天 3～4 次。

⑦肥育后期，拴系式饲养，每天喂料 3～4 次。

⑧安全运输：架子牛进场和肥育牛出栏的运输要按运输安全措施办理，确保人畜安全。

第三节　奶牛的养殖技术

一、奶牛的习性特点

(一)奶牛的消化特点

1. 采食习性

奶牛是反刍动物，采食饲料时往往不加选择、狼吞虎咽，不经仔细咀嚼即匆匆吞下，待休息时进行反刍。因此，奶牛饲料要营养全面，满足牛对干物质采食量、能量、蛋白质、矿物质、维生素和水的需要量，体积适当、适口性好，不能过于单一。如一头体重 600 千克、日产奶 20 千克的奶牛，日粮干物质进食量约为 16 千克，配比日粮时应以粗料为基础，适当搭配精料，做到适口性强、多样化和相对稳定，不但要满足其营养需要，还要保证足够的容积和粗纤维比例，以产生一定的饱胀感，吃饱的奶牛可见到左腹侧隆起。另外，饲喂块根饲料时要注意不要过大、过圆，最好切成片状或锄碎后饲喂，否则，容易发生食道阻塞；饲喂草料时要注意清除铁钉、铁丝等尖锐金属异物，否则容易发生创伤性网胃炎及创伤性心包炎。

2. 饮水习性

奶牛一天的饮水量一般是日粮干物质进食量的 4～5 倍，是产奶量的 3～4 倍。如一头体重 600 千克、日产奶 20 千克的奶牛，日粮干物质进食量 16 千克，一天的饮水量是 60～80 千克。夏天饮水量更大，放牧牛比舍饲牛饮水量大 1 倍。奶牛采食后

2 小时内需要饮水，最好让其自由饮水，水温 10～25℃为宜，冬天宜饮温水，夏天宜饮凉水。

3. 消化生理特点

（1）反刍习性：奶牛采食时经初步咀嚼混入唾液形成食团吞下，进入瘤胃储存，经被带入的碱性唾液软化和瘤胃内水分浸泡后，待休息时再进行反刍。反刍包括逆呕、再咀嚼、再混入唾液、再吞咽 4 个过程。一般采食后 30～60 分钟开始反刍，每次反刍持续时间 40～50 分钟，一昼夜反刍 9～12 次，反刍时间 6～8 小时。采食后应给予充分休息时间和安静舒适的环境，以保证正常反刍。正常反刍是奶牛健康的标志之一，反刍停止或次数减少，时间缩短，表明奶牛已患病。

（2）瘤胃具有大量储存、加工和发酵食物的功能。通过物理、化学消化，特别是瘤胃微生物的作用，可以比较高效地消化利用饲料中的各种养分。包括利用粗饲料中的纤维素、半纤维素和一部分木质素，将纤维素和戊聚糖分解成乙酸、丙酸和丁酸，这些短链的脂肪酸通过胃壁吸收，为牛提供能量；将一定量的非蛋白氮转化成蛋白质；能合成许多必需的维生素，包括 B 族维生素、维生素 K 与扁多酸、尼克酸等。

瘤胃中酵解产物的形成与牛的生产有密切关系。这些产物形成的强度、水平和比例，又与饲料的种类、组成、品质及调制方法等有直接关系。以粗劣干草为主饲喂奶牛时，瘤胃中乙酸含量相对较高，丁酸呈下降趋势，丙酸也较少，因而乳脂率虽有提高，但因能量不足，产乳量不高。以优质青储饲料喂奶牛，瘤胃中乙酸减少，而丙酸和丁酸增加，产奶量有所提高，而且对增膘也有利，但是如喂给过多的青储，因丁酸的增加，致使酮体大量增加，容易导致酸中毒。以大量高蛋白、高淀粉水平的精料或大比例甜菜日粮喂牛，可使总挥发性脂肪酸增加，但其中乙酸相对减少，丙酸、特别是丁酸大量增加，酮体增多，对奶牛的生产和健康不利。以干草等粗料为主、适当搭配精料，满足其对纤维、蛋白质、能量、矿物质的需要，可合理调节瘤胃微生物的繁殖和代谢过程，促进提高丙酸含量，可进一步提高其泌乳能力。

为减少慢性酸中毒的发生，一般情况下，奶牛每次投给精料不要超过 3.5 千克；饲喂青储、甜菜丝和酒糟时，要由少到多，逐渐让牛适应，不可一开始就大量饲喂，并且其最大用量不能越过一定限度。青储每天不超过 30 千克，甜菜丝和酒糟每天不超过 10 千克。并在饲料中添加碳酸氢钠、氢氧化钠等，以调控酸碱平衡。

4. 排泄特点

由于奶牛的采食量和饮水量大，排粪尿的量也大。一头成年母牛一昼夜排粪量约 30 千克，占日粮采食量的 70% 左右，一昼夜排尿量约 20 千克，占饮水量的 30% 左右。瘤胃背囊的一部分气体通过嗳气排出，通常含二氧化碳、甲烷等。因为奶牛排粪、排尿量大，所以在饲养奶牛的过程中应防止尿粪对环境造成污染。

(二)其他习性特点

(1)神经内分泌特点：高产奶牛神经内分泌活动频率高，神经活动过程中属于强、均衡过程，垂体分泌生乳素的反射活动较强，高产奶牛挤奶时间长，产奶量高，产乳曲线平稳。饲喂、饮水、挤奶要定时、定点、定人，形成固定规律。

(2)爱洁习性：奶牛喜欢吃新鲜饲料，不爱吃剩余饲料，因此饲喂时应少给勤添。下槽后应将饲槽中的剩余草料清理，每次饲喂前，应将饲槽冲洗干净。清槽后的剩余草料可晾晒后重新加工利用。奶牛爱喝新鲜、清洁的饮水，因此，对水槽应定期刷洗。奶牛喜欢清洁、干燥的环境，因此，牛舍地面在每次下槽后应清扫、冲洗干净，运动场内的粪便要及时清理，保持平整、干燥、清洁、防止积水，夏季要注意排水。

二、奶牛的繁育技术

繁殖技术是奶牛生产的重要环节，牛群的增殖、产奶水平、良种的选择以及奶牛的经济效益，直接受繁殖技术的影响。所以，不断提高繁殖技术，保持母牛正常生产水平，具有重要的现实意义。

(一)奶牛的发情及配种

1. 奶牛性成熟与初配年龄

母牛犊长到 6～12 月龄逐渐进入性成熟期，但此时不能配种，因为小母牛身体还正处于生长发育阶段，如过早配种受胎，会影响本身生长发育、产奶水平和降低后代质量。奶牛性成熟在 8～14 月龄，这个阶段是奶牛身体发育最旺盛时期，要求母牛的初配年龄在 16 月龄以上，体重达到 350 千克以上。

2. 奶牛发情周期

正常情况下成年母牛每隔 21 天(18～25 天)发情一次，育成母牛性成熟未孕时每隔 20 天(18～24 天)发情一次，称为发情周期。

3. 奶牛的发情鉴定

(1)发情时间。母牛发情在夜间的较多，占 60%；白天较少，占 40%。在早晨 5：00～6：00 点钟之前发情的占 73%，上午发情的占 16%，下午发情的占 11%左右。

(2)发情持续期。每次发情持续 18 小时(6～36 小时)，发情停止后 8～15 小时排卵，卵子保持受精能力时间为 6～10 小时。排卵后 6～8 小时形成黄体。

(3)奶牛输精的适宜时间。奶牛最适宜的配种时间是接近母牛发情的末期，即母牛发情后 12～24 小时。精子在母牛生殖道内的正常受精能力时间平均为 26 小时。

母牛在营养充分，饲养管理好的条件下，奶牛可常年发情。奶牛发情的持续期短，一般情况下，从发情开始到排卵平均为 30 小时。奶牛发情时体温上升 0.7℃，而排卵在发情症状消失以后，排卵后体温下降 1.13℃。母牛在发情时，从行为、生殖道黏膜等都有一些特征性变化，其发情周期的长短，依奶牛个体和营养的好坏而各有差异，故在生产中要细心观察，避免漏情。

奶牛从发情开始到发情结束，大多数母牛都有相似的行为表现。奶牛发情时的行为、各时期体态表现不一，生产中要认真掌握。正确判断，以便做到适时输精，防止漏配，以提高养殖效益。

(4)奶牛发情时的各种症状。奶牛在发情期间，生殖道的供血量增加，造成一些微血管破裂，在发情后 12～24 小时有少量血液释放，并且从生殖道流出，但这不表明母牛是否受孕。此现象在 80%～85% 的母牛中都可以看到。有时受孕母牛也常出现此现象。不同阶段的发情症状如下：

①发情前期。母牛发情的前 8 个小时，精神不安，不喜躺卧，敏感，左右张望，哞叫、抬尾、离群、追赶爬跨其他母牛、嗅其他母牛尾根部。但它此时并不接受其他母牛爬跨。发情母牛生殖道血流量增加，外阴部湿润、光滑，阴门出现轻度红肿，流出量少而稀、清亮的黏液。母牛产奶量下降，食欲减退，直检会发现卵巢，卵泡开始发育，卵泡膜厚而硬，表面光滑，此时为卵泡出现期。

②发情中期(旺期)。通常是发情 18 小时的症状：除具有发情前期的体态表现外，站立接受其他母牛爬跨，或爬跨其他母牛的次数增多；哞叫频繁；神经过敏而且易怒；外阴部红肿明显，可见分泌出较多的半透明、黏稠的可拉出长丝状的分泌物，粗如拇指，常粘在尾根，尾部被毛杂乱粗糙，并有掉毛现象；母牛拒食；牛群多数站立时，而少数牛卧下，因它们是相互间爬跨累了而躺卧休息。直检卵巢发现，卵泡膜薄，紧张有波动，手指轻摩有下凹感，此时为卵泡发育期。

③发情末期。通常是发情后的 24～30 小时的症状：母牛外阴部肿胀开始消退，阴门黏膜呈粉红色到粉白色，黏液变为半透明，黏性减弱，其中夹有少量不均匀的乳白色黏液；外阴部红肿现象要待排卵后才恢复正常；逃避其他母牛爬跨，嗅其他

母牛尾根部；母牛产奶量下降；食欲及采食正常，发情表现结束。直检卵巢发现，卵泡水泡感明显，触诊有一捏即破感，卵泡在发情的前、中、后三期中体积一般为卵巢体积的1/3，此期为卵泡成熟期。

发情期表现结束后，有半数以上的奶牛发情后期有出血现象。阴道中见有鲜红血液排出，多见于青年牛，有60％的青年牛有"流红"现象。成年母牛40％有"流红"现象。排卵与出血不同步。出血量在20毫升左右且为鲜红，只要适时配种受胎率较高。出血量大且血微紫红色的牛受胎率低，说明有子宫内膜炎。如出血现象出现在发情旺期后2～3天，说明配种已无效。发情未被发现（安静发情），出血现象也会出现，间隔16～19天母牛将会再次发情。可根据出血日期预测母牛下一次发情日期。

（5）异常发情。正常母牛的发情时间是从上次发情期后的18～24天以内，如发现少于16天或超过24天的发情周期，即为异常发情。

①安静发情（暗发情），亦称隐性发情。发情牛有卵泡发育也能排卵，但发情表现不明显。这主要是因为卵泡素或雌激素分泌不足所致。常见青年牛在初次发情的前几个情期，或见高产奶牛运动不足、营养不良而呈现暗发情。生产中对这部分牛，要细心观察，注意他们的采食情况、产奶量及精神状态等异常表现，以防止漏情漏配。

②假发情。见于一些卵巢机能不全的育成牛和患有子宫内膜炎的奶牛，有性欲表现，但卵巢上没有卵泡发育。还有一些已孕母牛（占成母牛比例5％左右）有发情表现。发情牛在短时间内，阴道内流有黏液，有时稀有时稠、无气泡、无出血。哞叫时间短，外阴部红肿时间较短。在生产中一定要谨慎行事，对假发情牛要进行直肠检查，对症施术。

③持续发情。有卵泡发育但不排卵，过5～6天后才排卵，也称排卵迟缓。这是由于体内激素不足引起（孕酮或促黄体素不足）。用促排卵药：绒毛膜促性腺激素3000～5000国际单位或

促黄体素释放激素(LRH)200～400国际单位。

④卵巢囊肿。卵巢表面某一发育完全的卵泡未能被排出并继续附着在卵巢上。母牛发情期长，性周期恢复正常后，还会反复。用促性腺激素释放激素(GnRH)治疗效果较好。促性腺激素释放激素能刺激黄体素的释放，黄体素可促使卵泡破裂。产期后30～60天内未出现发情征兆或发情征兆持续不退或发情征兆不规律即为卵巢囊肿症状。

⑤不发情。青年牛18个月出现不发情情况，育成母牛产后3个月不发情，原因是营养不良，日粮中缺乏青绿饲料或维生素不足，或各种产科疾病以及严重的全身疾病。泌乳高峰期、老龄牛、卵巢机能静止的牛易出现不发情现象。

直肠检查可发现两种：一种是卵巢表面光滑无卵泡无黄体，即卵巢机能静止；另一种是有持久黄体，即卵巢上的黄体不消失。卵巢机能静止是由于雌激素和孕激素水平都不高，可用乙烯雌酚和苯甲酸雌二醇肌肉注射；对持久黄体用前列腺素(PG)和氯前列烯醇，用药2毫升加5毫升蒸馏水灌入子宫腔内，或用药4毫升肌肉注射，能溶解黄体。再配合使用孕马血清促性腺激素(PMSG)和释放激素可提高发情率和受胎率。

4. 奶牛的配种

(1)配种适宜的时间和次数。配种适宜的时间是在母牛发情高潮出现后6～8小时输精，即接近母牛发情的末期，受胎率较高。直肠检查发现卵泡水泡感明显，有一触即破感觉，说明卵泡已成熟，这时期一般持续6～8小时，接近排卵前输精最为适宜。

多数母牛是在夜间发情，有一半是在第二天清晨才被发现。生产中一定要做好发情观察，所以傍晚和黎明是检查和观察发情的关键时刻，加上中午的检查，才能避免漏检。

生产实践中，要求一个发情期配两次，通常是第一次配种后，过8～12小时再配一次。即早上发情(被爬跨不动)下午输精，次日早上再配一次，晚上发情次日早上配，当晚再配一次。

或在奶牛发情开始后 18～24 小时输精，效果最好。

（2）受精时间。精子在生殖道内获得授精能力需要 6 小时，精子保持受精能力为 26 小时，卵子在生殖道内的寿命为 6～10 小时。最适宜的配种时间是母牛发情后 12～24 小时。

准确观察母牛发情，才能在最佳时期配种，才能获得最高的受胎率。下列数据可以看出输精时间的重要性，见表 5-1。

表 5-1 配种时间对母牛受胎率的影响

配种在发情结束前或后	母牛头数	受胎率％
结束前 18～12 小时	25	44.0
结束前 12～6 小时	40	82.5
结束前 6～0 小时	40	75.0
结束后 0～6 小时	40	62.0
结束后 6～12 小时	25	32.0
结束后 12～18 小时	25	28.0
结束后 18～24 小时	25	12.0

（3）母牛的产后配种。正常情况下，对分娩后的母牛饲养管理得当，母牛产后体力恢复得好，一般情况下，母牛分娩后 20 天就有 20% 的奶牛发情排卵，42 天以后有 60% 的奶牛再次发情排卵。一般在产后的第 2～3 个情期配种妊娠，可达到一年一胎。这样，既提高了奶牛的生产水平，又保证了母牛的正常胎间距，使奶牛的综合生产力水平得以提升。

5. 影响母牛发情的因素和最佳配种期

一般情况下，在牛群内可能发现母牛发情的比例不高，其原因有很多种，但主要有以下几种情况。

（1）疾病：子宫感染，会造成母牛发情期不规律。

（2）黄体囊肿：这是母牛产犊后的常见病，常表现为不发情。

（3）气候异常：如气温过高，当气温达到 35～41℃ 的时候，影响母牛发情期的长短。

(4)各种应激反应:如高产奶量、贫血等,造成发情不明显,或根本不发情。

(5)营养不足:如缺磷,小母牛可能不发情。

排除上述的异常情况,应掌握好母牛的最佳配种时间,是发情后的第 15~18 小时之间,实践证明,这时候配种母牛最容易受孕,其准胎率可达 85%。一般情况下,成年母牛第一次输精应该在发情后的 18 小时,青年母牛为发情后的 15 小时。

(二)提高奶牛繁殖率的措施

饲养奶牛的目的是生产牛奶,产奶越多,效益就越大。但奶牛必须在产犊之后才产奶,所以奶牛的繁殖率直接关系到产奶水平。据统计,平均年产奶 6000 千克的奶牛,产犊后空怀天数比正常奶牛多 1 个月,就可能少产 600~800 千克牛奶。全群牛若空怀天数延长 1 个月,则相当于 10 头奶牛中白养 1 头奶牛。所以,提高牛群繁殖率对奶牛生产具有重要意义。

1. 培养健康的牛群

子宫疾病(子宫内膜炎、子宫颈炎等)、卵巢疾病(卵巢炎、卵巢囊肿、持久黄体等)、传染病(布氏杆菌病、毛滴虫病、胎儿弧菌)等,是造成奶牛不孕原因之一,威胁很大,必须及时治疗患病个体牛,使之在健康条件下正常繁殖。人工输精及接产技术不良,是造成奶牛生殖器官疾病的直接和主要原因,必须培养专业的技术人员,减少疾病的发生。

2. 重视奶牛的营养

重点是改善母牛的营养,保证母牛性活动所需的各种营养物质需求,按照饲养标准供给足够的全价饲料。对幼龄母牛饲养更不容忽视,如果能量水平长期不足,不但影响其正常的生长发育,而且影响性成熟和适配年龄,这样就会缩短母牛一生中有效生殖时间。成母牛如长期能量过低,会导致发情征状不明显,或只排卵不发情。已妊娠奶牛能量不足,可造成流产、死胎；过高能量可使其体况变肥，有碍受胎。维生素 A 不足，易引起流产，出现死胎、弱胎、瞎眼胎、胎衣不下等；微量元素钴、铜、锰、碘在日粮中不足时，会引起母牛发情周期紊乱、流产、胎儿被吸收、死胎等。硒不足时，表现为胎衣不下、不孕、顽固性腹泻及流产等。

3. 加强管理

制订好配种计划，抓好分娩、产后至配种的管理，促使母牛产后子宫尽快恢复正常。做好奶牛发情鉴定，密切观察母牛，掌握好发情、排卵时间，不致漏情失配，适时配种。及时治疗各种生殖疾病。抓好牛群繁殖记录，掌握繁殖进程，尽早淘汰繁殖力低的奶牛等。

4. 不断提高配种技术

熟练掌握直肠检查技术，正确鉴别母牛真假发情、卵泡发育程度，做到及时配种。

5. 减少胚胎死亡和流产

一定注意妊娠早期的营养和配种后 7～11 日的观察，并注射 30 毫克孕酮，以预防胚胎死亡。

6. 调整产犊季节配种小气候

将母牛的产犊时间避开炎热夏季和寒冷冬季，有利于母牛的健康和产奶。

7. 掌握适宜的胎间距

奶牛适宜的胎间距是 365 天，就是让奶牛在产后 85 天内及时配种妊娠，就可达到一年一犊。所以，在母牛产后一定密切观察发情表现，防止暗发情出现，造成漏配。

8. 多产母犊措施

具体方法：①将 25％的精氨酸用生理盐水稀释成 5％；②用输精管吸取配置好的 5％精氨酸 1 毫升，注入发情母牛子宫颈内 3 厘米处。③输完精氨酸后 20～30 分钟再输精即可。

9. 异性孪生母犊不孕牛的鉴别

异性孪生母犊约有 10% 的有生殖能力，鉴别方法有以下几种：

(1)测阴道长度法。异性孪生母犊出生后，马上用兽用温度计(或长短、粗细适宜的玻璃棒)缓慢插入异性孪生母犊阴道内，感到有阻力停止。记下剩余在阴道外的部分，取出测量阴道长度。有生殖能力的母犊阴道长度为(14.8±2.8)厘米，无生殖能力的母犊阴道长度为 4.5～7.5 厘米。一般将阴道长度在 10 厘米以下者，均视为无生殖能力的异性孪生母犊。

(2)外部观察法。异性孪生母犊的阴户外形短小，阴毛长而多，乳头不明显。阴道长度正常但无子宫颈口，也属于孪生不孕牛。10 月龄以上的异性孪生母犊，可通过阴道和直肠检查有无子宫的口宫体、卵巢、输卵管是否发育完全。更重要的是根据有无发情表现加以确诊。

(三)奶牛繁殖指标的内容

1. 年总受胎率

此项数值表明牛群的受胎水平，以此度量配种年度内的配种计划完成情况。

$$年总受胎率 = \frac{年受胎母牛头数}{年受配母牛头数} \times 100\%$$

(1)统计日期由上年 10 月 1 日至本年 9 月 30 日。

(2)年内受胎两次以上的母牛(包括早产和流产后又受胎的)，受配、受胎头数应同时计算。如受胎两次的，受配、受胎均应计作 2 次，依此类推。

(3)配种 2 个月以内出群的母牛，不能确定是妊娠者，可不统计；配种 2 个月后出群的母牛一律参加统计。

(4)以受配后 2～3 个月的妊检结果确认受胎头数(下同)。

2. 年情期受胎率

该指标是度量输精技术水平的指标之一。

$$年情期受胎率 = \frac{年受胎母牛头数}{年输精总情期数} \times 100\%$$

3. 平均胎间距

为牛群繁殖力的综合指标。

$$平均胎间距 = \frac{\sum 胎间距}{n} \times 100\%$$

式中：n 为头数；

胎间距为本胎产犊日距上一胎产犊日的间隔天数；

$\sum$ 胎间距为 n 个胎间距的合计天数。

统计方法：①按自然年度统计。②凡在年内繁殖的母犊，除一胎牛外，均应进行统计。

4. 年繁殖率

生产力指标之一，以此来度量牛场的生产、技术管理水平。

$$年繁殖率 = \frac{年实繁母牛头数}{年应繁殖母牛头数} \times 100\%$$

(1)实繁母牛头数：指自然年度(1～12月份)内分娩的母牛的头数，年内分娩2次的以2头计算，一产双胎的以1头计，妊娠7个月以上早产的计入实繁头数，妊娠7个月以下流产的不计入实繁头数。

(2)应繁母牛头数：指年初18月龄以上母牛数，加上年末满18月龄而在年内实繁的母牛数。

(3)年内出群的母牛：凡产犊后出群的一律计算，未产犊而出群的不计算。

(4)年内调入的母牛在年内产犊的，分子、分母各算1头；未产犊的，不统计。

5. 年第一次情期授精受胎率

主要反映种公牛受精力或母牛产后管理水平。

$$年第一次情期授精受胎率 = \frac{第一情期受胎母牛头数}{第一情期授精母牛头数} \times 100\%$$

（1）初配的情期受胎率和产后第一次授精的情期受胎率适用此公式。

（2）第一次受配未受胎的母牛再度配种时，不计算在内。

（3）出群牛只中经过第一次输精但不能确定此次是否受胎的，不计入；能确定的，不论是否受胎均应参加统计。

6. 繁殖统计内容

（1）发情记录。发情日期、发情开始时间、发情持续时间、情欲表现、阴道分泌物状况等。

（2）配种记录。发情日期、发情开始时间、产后第几次发情、第几次配种、配种公牛号、输精时间、输精量、精子活率、子宫、阴道状况、排卵时间等。

（3）妊娠诊断记录。配种日期、妊娠日期、结果、处理意见、预产期、停奶日等。

（4）流产记录。胎次、配种日期、配种公牛号、不孕症史、配种时子宫状况、流产日期、妊娠月龄、流产类型、流产后子宫状况、流产后第一次发情日期、第一次配种日期、妊娠日期等。

（5）产犊记录。胎次、配种公牛号、产犊期、分娩情况（顺产、接产、助产）、胎儿情况（双胎、畸形、死胎）、胎衣情况、牛健康状况、犊牛性别、编号、体重等。

（6）产后监护记录。分娩日期、检查内容、监护状况、处理方法、转归日期等。

三、奶牛的饲养管理

（一）奶牛的营养需要及日粮配合

奶牛维持生命、生长发育、繁殖和生产牛奶的过程中，必须从饲料中获取足够的营养。确定所需特定营养物质的种类和数量，是为了避免营养缺乏，获得适当的生长、繁殖和生产报酬。

1. 奶牛需要的营养

1）水

奶牛体内含水量因年龄、肥瘦而不同。犊牛为74％，成年母牛57％。水的作用：一是水在牛体内参与新陈代谢过程；二是加速体内营养物质的运输、消化吸收和废物的排出；三是起到维持体型、调节体温和体内渗透压、减少关节摩擦等作用；四是一般牛吃一份干饲料，就要饮3～4份水。高产奶牛每日消耗水60～100千克；干乳期奶牛日饮水量33千克；日产15千克牛奶，日饮水50千克左右；日产35千克以上牛奶，日饮水量约87千克；日粮与水的比例在青年期为1:2.3；干草期为1:4.2；冬季舍饲为1:3.5。冬季给奶牛饮水温度不应低于20℃。泌乳期缺水时，奶的产量将受到严重影响。

2）蛋白质

蛋白质是构成细胞的主要成分、生命的物质基础。牛体内的一切生理活动，如消化代谢、繁殖、泌乳等过程，都离不开蛋白质。蛋白质在动物体内的储量有限，因此日粮中应含适量的蛋白质，以满足机体对蛋白质的需要，保证正常的生理活动和生产能力。

奶牛能利用非蛋白氮，作为其部分蛋白质的来源，供瘤胃菌体自身利用。奶牛的蛋白质需要量因年龄、产奶量而异，一般占日粮干物质的14％～18％。豆科植物的子实、饼类饲料、谷物加工副产品、非蛋白质氮饲料和豆科牧草等蛋白质含量较高。

3）脂肪

奶牛从饲料中获取脂肪，供牛体热量，组成体组织，固定和保护内脏。维生素A、维生素D、维生素K、维生素E只有在脂肪存在的情况下才能被牛消化吸收利用。奶牛的必需脂肪酸也必须从饲料中获得。

4）碳水化合物

包括粗纤维和无氮浸出物两部分，约占干物质的3/4。牛体

60％的能量来自碳水化合物。

无氮浸出物是易消化的营养物，是机体能量的主要来源，充足的无氮浸出物能保持血液中一定量的葡萄糖，减少酮病的发生。成年泌乳母牛常常因缺乏能量，引起泌乳量下降或体重减轻。青年牛如果能量不足，则出现生长缓慢，外形消瘦，发情推迟。片面强调蛋白质的重要性而忽视能量的合理搭配时，会造成蛋白质的浪费。

饲料中能量水平过高对奶牛产奶和健康同样不利。如奶牛饲料的能量水平为标准的160％时，血液中酮体增加，特别是产前饲喂高能量饲料，可使奶牛产后瘫痪及乳房炎的发病率增高。

粗纤维含量高的饲料可填充胃肠道，使牛有饱感，刺激胃肠黏膜，促进胃肠道蠕动，经瘤胃微生物发酵分解，供给能量。

5）维生素

对提高奶牛生产性能，预防营养性疾病有深远的影响。正常情况下，B族维生素和维生素K可在瘤胃中合成，维生素C可在体组织内合成，维生素D在日光照射下由胆固醇转化而来，产奶母牛的维生素D需要量为每千克日粮干物质中300国际单位。只有维生素A，牛体内不能直接合成，须注意补充。母牛维持需要量每日10毫克胡萝卜素/100千克体重，犊牛的需要量为每100千克体重10～11毫克，繁殖时的需要量为每100千克体重需10～20毫克，妊娠最后2个月量要增加。

维生素E：奶牛在正常饲养条件下，能从基础日粮中获得需要的维生素E。维生素E与碘具有协同作用，对奶牛正常繁殖有重要作用；维生素E是免疫兴奋剂，可增强抗体和前列腺素的合成；维生素E可预防乳房炎。喂给奶牛干草和青储时必须添加维生素E，干乳期牛，每日每头1000国际单位，泌乳牛每日每头500单位。在奶牛产前4周开始至产后8周，每日每头补喂3000单位维生素E，可降低乳房发病率37％。

6）矿物质

对维持奶牛健康及正常生长发育和繁殖等都有重要作用。

常量元素有钙、磷、钾、钠、氯、硫、镁 7 种，微量元素有铁、碘、铜、钴、钼、硒、铬等。日粮中钙、磷、钾、钠、氯需要量较大。

豆科牧草含钙量大，麦麸含磷多。矿物质供应不足有以下几种情况：一是经常饲喂矿物质缺乏的地块上生长的作物。二是日粮中矿物质不足。三是日粮中维生素 D 缺乏。

泌乳牛对钙磷的维持需要量为每 100 千克体重需钙 6 克、磷 4.5 克。生产每千克标准乳需钙 4.5 克和磷 3 克，钙磷比为（2～1.3）：1，食盐的维持需要量为每 100 千克体重 3 克，每产 1 千克标准乳需 1.2 克。奶牛对骨粉中的钙、磷酸一钙和磷酸二钙吸收率最好，对石粉、脱氟磷酸钙、碳酸钙及干草中的钙次之。饲料中过量的草酸盐和磷酸盐因和钙结合成不溶性化合物，对钙吸收不利。缺少维生素 D 及过量的脂肪影响钙的吸收。大部分影响钙吸收的因素亦能影响磷的吸收。

2. 营养物质间的相互关系

(1)奶牛日粮中能量和蛋白质应保持恰当比例，比例不当，影响营养物质间的利用效率，甚至发生营养障碍。奶牛饲喂高能量低蛋白或高蛋白低能量的饲料，都能造成代谢紊乱，影响繁殖。利用乳脂率与乳蛋白率比值可监测日粮中蛋白与能量是否适宜；正常情况下，能量与蛋白质的比值为 1.12～1.13。高产奶牛比值偏小，特别是泌乳 30～120 天之间。高脂低蛋白则比值大，是日粮中加了脂肪或日粮中蛋白不足或非降解蛋白不足。而低比值则相反，蛋白大于脂肪，可能是由于日粮中谷物精料多，或者缺乏纤维素所造成。

(2)粗纤维和其他有机营养物质间的关系。奶牛长期缺乏蛋白质饲料，则影响粗纤维的分解。粗纤维分解高时，饲料内的其他营养物质利用率也高。粗饲料粉碎过细，则粗纤维的消化降低 10%～15%。其主要原因是由于加速了饲料通过瘤胃、网胃的速度减少了微生物作用于饲料的时间。

(3)维生素 D 与钙、磷代谢关系。维生素 D 影响钙的吸收，促进磷的重吸收，减少磷从尿的排出。特别是在钙磷不足或钙磷比例不合理时，维生素 D 的作用最显著。

（4）维生素 E 和硒的相互关系。维生素 E 和硒对机体的代谢及抗氧化能力有相似的作用。维生素 E 可代替部分硒的作用，但硒不能代替维生素 E。饲料中缺乏维生素 E 时，易出现缺硒症状。只有存在硒时，维生素 E 才起作用。

（5）维生素 E、维生素 A、维生素 D 的关系。维生素 E 能促进维生素 A、维生素 D 的吸收，以利维生素 A 在肝脏的储存，并保护其免遭氧化。同时维生素 E 对胡萝卜素转化为维生素 A 具有促进作用。

（二）各阶段奶牛的饲养管理

奶牛饲养管理包括犊牛、后备母牛、成母牛三个阶段生长、发育、生产时期的内容。主要分为以下几个阶段。

1. 犊牛的饲养管理

1）犊牛的饲养

（1）犊牛一般指初生至 6 月龄的牛。3 周龄后，瘤胃迅速发育，到 6 周龄时，前 3 个胃容积总和为总容积的 70%。

（2）犊牛初生后擦干口、鼻、身上的黏液，断脐带、消毒，拨去软蹄，专人护理、设单栏饲养，帮助犊牛吸吮初乳。

（3）及时吃初乳。新生犊牛初乳哺喂期为 3 日，第一天哺喂 3～4 次，第一次在犊牛初生后 30～60 分钟，呼吸正常，就要喂给初乳并让吃饱。第二次在初生后 4～6 小时，第三次在初生后 10～12 小时，第四次在 18～20 小时，每次喂量不超过体重的 5%。

（4）常乳哺喂期，从初生后 4 天至断奶之前。

①饲喂常乳要溶于 37℃两倍温水喂给，于 45 日龄后转入代乳料饲喂。日哺乳量分别为 4～10 日龄，每日喂 4 千克；11～20 日龄，每日喂 4.5 千克；21～45 日龄，每日喂 5 千克；46～60 日龄，每日喂 4 千克；61～80 日龄，每日喂 2 千克；

81～90日龄，每日喂1千克。

②从10日龄～3月龄，喂给优质干草和代乳料，代乳料配方：豆饼30%、玉米35%、燕麦10%、豆粕5%、糖蜜10%、苜蓿草粉5%、维生素矿物质5%。减少哺乳量逐渐增加代乳料喂量，到每日能吃到1千克代乳料，日采食干草1.5千克，即可断乳。

③犊牛料配制：玉米1.5%、豆饼35%、麦麸10%、磷酸氢钙2%、石粉1%、另加微量元素1%、维生素（每百斤中加0.25克）、食盐1%。

2) 犊牛管理

(1) 在饲喂犊牛过程中，要做到"五定"。①定质：给犊牛哺乳健康牛的奶。②定量：按哺乳计划严格控制哺乳量。③定时：每日分3次定时喂奶。④定温：奶温要稳定在37℃左右。⑤定位：固定单栏饲养。

(2) 要进行"四看"。①随时察看犊牛精神状态。健康犊牛活泼，好动。病犊牛不喜运动，精神不振，鼻镜干燥。②看食欲情况。健康犊牛食欲旺盛，抢食，亲近饲养员。有病犊牛，不爱吃食，站立不动，或卧地不起。③看粪便颜色。正常犊牛粪便呈黄褐色，吃草后变干呈盘状。消化不良时呈灰白色；吃料过多有恶臭味；着凉粪便多气泡；如患肠炎粪便内有黏液。④看天气情况，犊牛适宜的环境温度为11～16℃，要防止犊牛舍内温度忽高忽低，有利于犊牛健康成长。

(3) 做到"三保"。保持圈舍清洁卫生、保持牛体干净、保持犊舍避风保暖。外界温度在11～16℃为宜，10日龄后将犊牛放出舍外活动、晒太阳，圈舍地面铺垫干草并及时更换。

(4) 预防肺炎和下痢。发生肺炎的直接原因是环境温度的骤变。下痢是疾病表现的临床症状之一，有营养性和细菌性下痢。

(5) 刷拭。刷拭可起到畜体清洁、促进皮肤血液循环、有益健康，并可调教幼畜使它愿接近人的好习惯。使用毛刷为主，手法宜轻，感到舒适。不要挠犊牛角部，以免养成顶撞的坏习惯。

2. 后备母牛的培育

后备母牛 4～16 月龄为育成牛（青年牛），16～18 月龄为育成牛配种期，18～26 月龄为妊娠期。

1）饲养

①4～10 月龄后备母牛的饲养：4～10 月龄是后备牛性成熟早期，饲养方式是顺利过渡到以青储及营养平衡的日粮，日增重不超过 900 克，增重过大会导致乳腺组织脂肪沉积，影响乳腺组织发育。精料喂量每头每日 1.75～2.5 千克，青储草自由采食，优质干草 1 千克。表 5-2 为后备母牛日需饲料表，表 5-3 为后备母牛日需组成。

表 5-2　后备母牛日需饲料表

千克/（头·日）

后备牛	精料	根茎类	青储青饲	干草	秸秆	糟粕	矿物质
青年牛	3.3	0.46	15.7	3.2	0.8	4.1	0.43
育成牛	2.5	0.3	11.4	2.3	0.7	2.2	0.20
犊牛	1.8	0.2	4.1	1.2	0.1	0.58	0.12

表 5-3　后备母牛日粮组成

千克/（头·日）

饲料	哺乳犊牛	断奶犊牛	6～10月龄	10～14月龄	14～18月龄	18～20月龄	20～24月龄
精料	0.75	1.5	2.0	2.5	3.0	3.5	4.0
玉米青储	1.5	3.5	5.0	7.5	10.0	12.5	15.0
干草	0.5	0.75	1.0	1.5	2.0	2.5	3.0
青草	2.5	5.0	7.5	10.0	12.0	15.0	17.5

②11～16 月龄后备牛的饲养：11～16 月龄的育成牛培育重点是，制订最佳的配种体高及较大的腹围。12 月龄左右的小母

牛，消化器官更加扩大。可饲喂以青储、干草为主的饲料和营养水平高的日粮，小母牛可在 9～11 月龄出现首次发情，而营养水平很低的日粮，会使小母牛第一次发情推迟到 18 月龄以后。日粮中除满足饲料外，每头每日补喂 2.5～3.5 千克的精料。小母牛 16 月龄体重达 370 千克时配种，提早产奶，可减少小母牛的培育费用，并提高终身产奶量。

③初孕牛的饲养：怀孕的育成牛，不可喂的过肥。怀孕 4～5 个月，按干奶牛饲养标准饲喂。至分娩 2～3 个月给易于消化和营养水平高的粗饲料。根据体况每日喂 2～4 千克含维生素、钙、磷丰富的精料。体况以看不到肋骨为度。发育受阻的育成怀孕牛，喂料量可适当增加。此阶段混合料中粗蛋白占 12% 即可，蛋白饲料多了，易引起乳房硬结。

④初孕 3.5 个月以上的孕牛，日给干草 3.8～4 千克，混合料 3 千克（玉米 46%、豆饼 16%、麦麸 33.3%、石粉 2%、食盐 1.9%）。怀孕 6～7 个月的孕牛，日给干草 3.8～4 千克，混合料 4 千克。至临产前应保持健康的体质，有一定体膘，但不要过肥。体重占成母牛的 80%～85% 为宜（500～540 千克）。

2）管理

①对小母牛的调教和驯养非常重要，要使其温驯无恶癖。达到按摩其任何部位不害怕，不反感，不躲避。每日至少刷拭体躯和按摩乳房一次，以促使进体躯和乳腺生长发育。

②按 4～6 月、7～12 月、13～18 月、怀孕至产前 1 个月，各分牛群、定槽、定位饲养。

③16～18 月龄体重达 350 千克以上发情即可配种，妊娠 7 个月至产犊前每日按摩乳房两次，不要擦拭乳房，以免擦去乳头的蜡状保护物，使乳头堵塞，导致乳房炎的发生。

④临产前一个月调入产房，以适应环境。临产前 3 日做好接产准备工作，夜间要有值班人员。

预产期计算：按配种月份减 3，配种日加 6 的方法估算。如，母牛 8 月 16 日配种，预产期为 8－3＝5，16＋6＝22，即下年5月22日为分娩期。

⑤10月龄后如发现有恶癖、踢人、胆小、乳房发育不良、乳头特别细小，则不可留作挤奶牛用。

3. 成母牛饲养管理

按奶牛生理特点分围产期、泌乳期和干乳期。

1)围产期饲养管理

围产期是指分娩前后15日以内的母牛。产前行动缓慢，不喜活动，采食量少。有些奶牛乳房水肿，产后体质虚弱，往往出现产后综合病症，发病率、死亡率均高，所以，这一阶段应加强护理以，主要以保健为主。

①围产前期的饲养。饲养以优质干草为主，精料喂量占体重的1%，钙占日粮干物质的0.3%（40～50克）、磷0.25%（30～40克）。产前低钙饲养可减少产后瘫痪，同时应减少食盐喂量，特别对乳房水肿的奶牛更得注意。临产前的奶牛，不能喂多汁饲料，不喂冰冻、变质发霉饲料，少喂或不喂棉饼、菜子饼，胡麻饼，日粮干物质为体重的2%～2.5%，粗蛋白占干物质的12%，奶牛能量单位为2.2左右。日粮中要补维生素A和维生素D，注射亚西酸钠、维生素E，以提高犊牛成活，促使奶牛产后胎衣排出。

②围产后期的饲养。产后15日以内为体质恢复期。因牛而定，如果乳房不水肿，消化机能正常，体质健康，产后第二天就可给多汁料和精料，并立即恢复钙的标准喂量，钙、磷比例为(1.5～1.8):1为宜。饮用水温度不低于20℃。产后7～10日即可加到泌乳饲养标准的需要量。如果产后乳房水肿、变硬，食欲不振，拉稀粪并有恶臭，胃肠蠕动缓慢者，除请兽医诊疗外，应减少精料或停喂精料。

产后15天，体质恢复正常，食欲也正常，逐步转入大群奶牛饲养，但不能过急催奶，喂量不可过多过快。饲喂方式以适应正常泌乳日程进行，即逐步加喂多汁饲料，增加精料喂量。干物质占奶牛体重3%左右，粗蛋白质占日粮干物质14%左右。

日粮干物质钙为 0.7%～1%，磷为 0.5%～0.7%。

③围产期管理。产后经 30 分钟即可挤奶，每次挤奶先用温水洗净乳房并擦干。开始挤奶时，每只奶头的第一二把奶弃掉，挤出 2～2.5 千克初乳，立即喂犊牛，使犊牛尽早吃到初乳，奶牛产后乳腺及循环系统的活动还不正常，为了使其尽快恢复和预防产后瘫痪，在产后 4～5 天内不能将乳汁全部挤干，每次挤奶要逐渐增加。对高产奶牛，头一两天挤奶时，每次挤奶可挤出1/3～1/2的量，第三天为 1/2，第四天为 3/4 或挤干。

对产后体弱、患病、乳房水肿消退慢的奶牛，应在产舍加以护疗，推迟出产舍。

产后冲洗子宫，土霉素＋利凡诺尔与金霉素交替使用效果显著。对产舍定期消毒。

2）分娩与接产

①分娩预兆。乳房膨大，可挤出少量乳汁，骨盆韧带松弛，外阴部肿胀，精神不安，回顾腹部，食欲减退。

②接产准备。产房清扫干净、消毒，冬季应保暖，接产人员用温水洗净母牛外阴部、肛门、尾根及臀部周围，清除掉污物，并用 1%高锰酸钾溶液擦洗消毒。

备好酒精、碘酒、高锰酸钾粉，石蜡油，细绳等。

③接产。一般情况下让母牛自然分娩，如遇难产时采取人工助产术进行接产。初生犊牛娩出后用消毒毛巾除去口腔、鼻腔内黏液，用剪刀距腹壁 10 厘米剪断脐带，并用 5%碘酒浸泡消毒脐带断端。犊牛生后 3～12 小时胎衣脱落，并流出恶露，超过 24 小时胎衣不下，应进行剥离。分娩后为消除母牛疲劳，可肌肉注射强心剂，尽早驱使母牛站起，以减少出血。

④助产。由于胎儿过大、胎位不正，发生难产时，要采取人工助产。助产员要彻底消毒手臂再检查胎位，如发现胎位不正，首先要复正胎儿再助产。顺产时用绳把胎儿两前肢系紧，倒生时用绳把两后肢系紧，然后配合母牛子宫收缩把胎儿拉出。如果胎水流净、阴道干涩，可向阴道内灌注石蜡油润滑后再

拉出。

3)奶牛泌乳期饲养管理

泌乳期指产后16天至干乳期前一段时间的饲养管理。此期又分为：泌乳早期、泌乳中后期的饲养管理。

(1)泌乳早期的饲养管理(含泌乳盛期)。

①饲养：奶牛采食的营养随泌乳量的增高而增多，有时甚至出现体重下降。所以，在饲养上应采取高能量高蛋白日粮饲喂，还要吃入足够的干物质(干物质给量为体重的 3.0％以上)，按日粮干物质计算，精料占 55％～65％。为满足如此高的能量需要，只有饲喂大量能量谷物饲料，但食入大量谷物饲料，会使瘤胃环境变酸性，造成消化不良，严重时发生酸中毒。为解除因吃精料过多而引起瘤胃酸性环境，可在日粮中加碳酸氢钠80～100 克、氧化镁 50～60 克。

奶牛泌乳期日粮给量。按体重 550～650 千克，乳脂率3.5％计算，精料给量标准，以每头奶牛喂给基础量 2.5～3 千克，每产 3 千克奶，增喂 1 千克精料。日产奶 20 千克给 7.0～8.5 千克精料；日产奶 30 千克给 8.5～10.0 千克精料；日产奶 40 千克给 10.0～12.0 千克精料、粗饲料给量标准：青储、青饲料每头日给量 20～25 千克，干草 4.0 千克以上，糟渣类12 千克以下，根茎类3～5 千克。精粗饲料比 65:35～70:30 的持续时间维持在峰值奶期间产后 45～75 日。日粮中除满足钙、磷外，还应供给占日粮干物质 0.2％的镁、0.7％钾和 0.5％的食盐，并加缓冲剂、维生素、微量元素等。

提高乳脂率和产奶量的添加剂。a. 双乙酸钠：是乙酸钠的复合物(二乙酸钠、双醋酸钠)，参与体内代谢，可用于防腐。青储中加0.4％～0.6％双乙酸钠，精料中加 0.3％提高乳脂效果显著。b. 碳酸氢钠：每头每日分 3 次喂 100～150 克碳酸氢钠和 50～70 克氧化镁，可缓解饲喂青饲料多、青储多，造成瘤胃中 pH 低的影响，并起到好的碱化效果，防止酸中毒，提高乳脂率。c. 烟酸：产前 2 周、产后 8～10 周，每日每头喂 6 克，有防止酮病作用，还可增加产奶量和乳蛋白。在日粮中添加氢化钾或碳酸氢钾，可缓解喂精料过多，促进增奶增乳脂，日喂量为精料的0.3%。

②泌乳早期的管理：a. 分群饲养，根据产奶量高低分群，将产奶量相近的分在一组饲养，同时注意胆小的奶牛，特别是第一胎奶牛。b. 预防泌乳早期因采食量大而引起消化机能紊乱、乳房炎的发生。c. 对高产奶牛应延长采食时间，每日不少于8小时，在运动场设辅饲槽。d. 保持饲料的稳定，不喂发霉变质的饲料。e. 加强乳房的护理，保证舍内及运动场的平坦、卫生、干燥，防止乳房受压和细菌侵袭。挤奶按操作规程进行，挤奶员要固定，不得随意更换。f. 注意观察母牛的产后发情征状，在产后45～60天及时配种。对营养、体况差的奶牛更要注意，以防漏配。

（2）泌乳中后期的饲养。泌乳中后期指分娩后101天至停奶期的时期。泌乳早期过后，产奶量下降，采食量增加，体重开始增加，代谢病减少，是恢复体质的最经济时期。

①日粮。a. 泌乳中期日粮：精料给量，日产奶15千克给6～7千克，日产奶20千克给6.5～8.5千克，日产奶30千克给8.5～10千克。粗饲料给量，青饲、青储每头日给18～25千克、干草4千克、糟渣类10～12千克、根茎类5千克。b. 泌乳后期日粮：精料给量6～7千克，粗料给量青储20千克左右，干草4千克、糟渣类10千克以下、根茎5千克左右。

②奶牛泌乳中后期的管理。泌乳中后期产乳量下降是个规律，但也不能放松饲养管理工作，要注意饲料质量，保持奶牛食欲旺盛和健康，争取奶量缓慢平稳下降。确保奶牛在干乳前，体况恢复到应有水平上。奶牛泌乳中后期管理主要有以下几点。a. 分群管理，定位饲养，不堆槽、不空槽、不喂发霉变质、冰冻的饲料。b. 运动场设食盐、矿物质补饲槽。保证足够新鲜清洁的饮水。做好冬季防寒、夏季防暑工作。c. 保持牛舍、运动场清洁卫生，粪便及时清除，排水良好。每天刷拭牛体，搞好

生产各环节及用具的消毒，保持清洁、卫生。d.注意观察，对牛只异常变化，做到早发现、早报告、早治疗、早处置。e.定期检疫，预防注射。及时配种，做好档案记录工作。

第四节　牛常见传染病的防治技术

一、炭疽

（一）致病原因

炭疽是由炭疽杆菌引起的一种人、畜共患的急性、热性、败血性传染病。该病常为散发，但传播面很广，尤其是放牧的牛容易感染炭疽病。

（二）主要症状

以突然发病、高热不退、呼吸困难、濒死期天然孔出血为主要临床特征。其病变特点是局部突发肿胀，最初热痛，后凉，而后无痛，最后形成楔形坏死（疔）；脾脏显著肿大，皮下结缔组织及浆膜出血性浸润；血液凝固不良呈煤焦油状，尸僵不全，天然孔出血（图5-8）。

图5-8　患炭疽病的牛鼻孔留出焦炭样血

（三）治疗方法

对病牛及可疑病牛要严格隔离。死亡的病牛尸体严禁解剖检疫和食用。尸体要深埋或者火化。病牛用过的栏舍和用具都要用10%的烧碱水、20%的漂白粉溶液或者20%的石灰水进行消毒。急性和最急性病例因病程短，往往来不及治疗。对于早期病例和较少见的局部炭疽，大剂量的青霉素和四环素是有效的，同时应用抗炭疽血清注射效果更佳，连续用药3天以上。

（四）预防措施

一旦发现散在病例，要本着"控制蔓延扩散，力争就地扑灭"的原则，首先向主管部门报告疫情，由政府机关划定疫区，封锁隔离疫点。将炭疽患牛尸体用不透水的容器包装，到指定地点销毁，禁止活牛运输交易。同群牛逐头测温，凡体温升高的可疑患牛用青霉素或抗炭疽血清注射，或二者同时应用以防病情进一步发展。对病死牛污染的场地、用具，要进行彻底有效的消毒。垫料、粪便等要焚毁。病死牛躺卧的地面应将20厘米的表层土挖出，与20%漂白粉混合后深埋。有关人员除作防护外，必要时可注射青霉素预防。对同群牛及周边3千米以内的易感家畜，用无毒炭疽芽孢苗免疫注射。

每年春末夏初注射一次炭疽无毒芽孢苗，成年牛1毫升，犊牛0.5毫升。或用Ⅱ号炭疽芽孢苗皮下注射，不论大小牛一律1毫升。免疫期一年。不满1个月的幼牛，妊娠期最后2个月的母牛，瘦弱、发热及其他病牛不宜注射。

二、布鲁氏固病

（一）致病原因

布鲁氏菌病是由布鲁氏菌引起的人、畜共患的接触性传染病。

（二）主要症状

主要特征是侵害生殖系统，临床上表现为母牛发生流产和不孕，公牛发生睾丸炎、附睾炎和不育，又称为传染性流产。
潜伏期为2周至6个月，母牛最显著的症状就是发生流产，且
多发生于妊娠后期，当该病原体进入牛群时会暴发流产，产出
死胎或弱胎(见图5-9)，流产后多伴有胎衣不下、子宫内膜炎、
阴道不断流出污脏的、棕红色或灰白色的恶露，甚至子宫蓄脓
等(见图5-10)。公牛主要发生睾丸炎和附睾炎，睾丸肿大，触
之疼痛坚硬，有时可见阴茎潮红肿胀，长期发热及关节炎等症
状(见图5-11)，并失去配种能力。

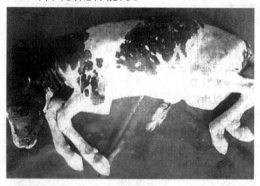

图 5-9　母牛流产产出的发育比较完全的死胎

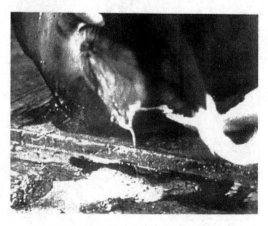

图 5-10　流产母牛阴道排出有恶臭的分泌物

图 5-11　病牛睾丸肿大

（三）治疗方法

一般对病牛作淘汰处理。病原菌主要在细胞内繁殖，抗菌药和抗体不易进入，试验性治疗感染牛可用四环素或氯霉素药物与链霉素联合用药，给予治疗。

（四）预防措施

该病坚持预防为主的原则，采取常年预防免疫注射、检疫、隔离、扑杀淘汰阳性牛的综合性预防措施，控制和消灭传染源，切断传播途径，保护易感牛群。

（1）加强健康牛群的饲养管理，增强抵抗力。

（2）坚持自繁自养，培育健康牛群，禁止从疫区引进牛，禁止到疫区内放牧。必须引进种牛或补充牛群时，要严格执行检疫，对新进牛应隔离 2 个月，进行 2 次检疫，检疫均为阴性后混群。健康的牛群，应定期检疫（至少 1 年 1 次），一经发现，立即淘汰。

（3）牛群中如果发现流产，除隔离流产牛和消毒环境及流产胎儿、胎衣外，应尽快作出诊断。确诊为布鲁氏菌病或在牛群检疫中发现本病，均应采取措施，将其消灭。消灭布鲁氏菌病的措施是检疫、隔离、控制传染源、切断传播途径、培养健康牛群及主动免疫接种。

（4）免疫预防。用布鲁氏菌 19 号菌苗，5～8 月龄免疫 1 次，18～20 月龄再免疫 1 次，免疫效果可达数年。

三、结核病

（一）致病原因

结核病是由结核分枝杆菌感染引起的一种人、畜共患的慢性传染病。

（二）主要症状

该病主要病理特点是在多种组织器官中形成肉芽肿、干酪样、钙化结节病变。结核分枝杆菌对牛的毒力较弱，多引起局限性病灶。牛常发生的是肺结核，其次是淋巴结核（见图 5-12）、肠结核、乳房结核等（见图 5-13），其他脏器结核较少见到。典型症状是病牛逐渐消瘦和生产性能下降。该病的潜伏期长短不一，一般为 10～15 天，有时可达数月甚至长达数年。病程呈慢性经过，故病初症状不明显，不易察觉。表现为进行性消瘦，生产性能降低，咳嗽、呼吸困难，体温一般正常，有的体温稍高。病程较长时，因受害器官不同，也有不同的症状出现。肺结核最为常见，病初有短促干咳、痛咳，渐变为湿性咳嗽而疼痛减轻，伴发黏性或脓性鼻液。

（三）治疗方法

对个别症状轻微或病初病牛用异烟肼混在精料中饲喂，症状重者可口服异烟肼，同时肌内注射链霉素，也可以使用适量的降温药等，缓解身体体温过高、脱水、酸中毒等症状。

（四）预防措施

主要采用兽医综合防疫措施，防止疾病传入、净化污染牛群、培育健康牛群。每年在春、秋季对牛群进行 2 次检疫。对检出的阳性病牛立即隔离，对开放性结核的病牛宜扑杀，优良

图 5-12　牛下颌淋巴结核

图 5-13　牛乳房结核

种牛应给予治疗。可疑病牛间隔 25～30 天复检。阳性隔离牛群距离健康牛群应在 1 千米以外。已扑杀的症状明显的开放性结核病牛，结核内脏深埋或焚烧，肉经高温处理后可食用。

对被污染的地面、饲槽进行彻底消毒；对粪便进行发酵处理。经常性使用 5％漂白粉乳剂、20％新鲜石灰乳、2％氢氧化钠等消毒剂都能严防病原扩散。

当牛群中病牛较多时，可在犊牛出生后先进行体表消毒，再由病牛群中隔离出来，人工对其进行饲喂健康母牛乳或消毒乳，犊牛应于 20 日龄时进行第一次监测，100～120 日龄时进行第二次监测。凡连续 2 次以上监测结果均为阴性者，可认为是牛结核病净化群。受威胁的犊牛满月后可在胸垂皮下汪射 50～100 毫升的卡介苗，可维持 12～18 个月。

四、犊牛大肠杆菌病

(一)致病原因

犊牛大肠杆菌病又称犊牛白痢，是由多种血清型的致病性大肠杆菌引起的新生幼犊的一种急性传染病。

(二)主要症状

犊牛大肠杆菌病的特征主要表现为排出灰白色稀便，最终由衰竭、脱水和酸中毒而引起死亡，或出现败血症症状。根据症状和病变可分为败血型和肠型。

败血型也称脓毒型。主要发生于产后 3 天内吃不到初乳的犊牛。大肠杆菌经消化道进入血液，引起急性败血症。发病急，病程短。其临床表现为病初发热、精神不振、不吃奶、间有腹泻，后期肛门失禁、排粪如注、体温偏低、呼吸和心跳加快，常于病后 1 天内因虚脱而死亡(见图 5-14)，也有未见腹泻即突然死亡的，死亡率达 80%～100%。痊愈者发育迟缓，有些出现肺炎和关节炎。

肠型多发生于 1～2 周龄的犊牛，病初体温升高达 40℃，厌食，数小时后开始腹泻，病初排出的粪便呈淡黄色，粥样，有恶臭，随病情发展病牛排出呈水样、淡灰白色粪便，并混有凝血块、血丝和气泡。随着病情继续恶化，出现脱水现象，卧地不起，全身衰弱，此时如不及时医治，则会因虚脱或继发肺炎而导致死亡。个别病牛会自愈，但会引起病牛的发育迟缓。

(三)治疗方法

本病的治疗原则是抗菌、补液、调节胃肠机能和调整肠道微生态平衡。

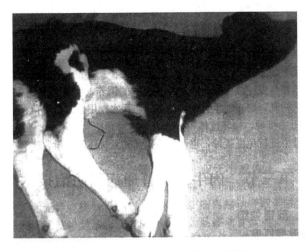

图 5-14　犊牛拉稀、脱水，严重者虚脱死亡

（1）可用土霉素、新霉素等进行抗菌治疗。

（2）将补液的药液加温，使之接近体温进行补液。补液量以脱水程度而定，当有食欲或能自吮时，可用口服补液盐。同时要注意纠正酸中毒、电解质失衡等症状。

（3）用乳酸 2 克、鱼石脂 20 克、加水 90 毫升调匀，每次灌服 5 毫升，每天 2～3 次；或内服吸附剂和保护剂，保护肠黏膜，调节胃肠机能。

（4）抗菌药使用 5 天左右应停止继续用于病犊牛的治疗，并给予其口服乳杆菌制剂（如促菌生、健复生等）调整肠道微生态平衡。

（四）预防措施

加强牛舍清洁卫生，保持圈舍干燥，产前彻底消毒产房；定期消毒，勤换垫草，犊牛舍温度应保持 16～19℃；加强妊娠母牛的饲养，提供足够的蛋白质、矿物质和维生素饲料，使母牛适当运动，保证初乳的质量和免疫球蛋白的含量。加强犊牛的饲养，使犊牛在出生后 1～2 小时吃上初乳，防止新生犊牛接触粪便与污水。用大肠杆菌疫苗在产前 4～10 周给母牛接种，初乳抗体可显著升高，可预防犊牛下痢。在相同时间段内对母牛进行免疫接种，也可显著提高初乳抗体的含量。

五、腐蹄病

(一)致病原因

腐蹄病是指(趾)间皮肤及皮下组织发生炎症，特征是皮肤坏死和裂开。它的发生多是由于指(趾)间隙异物造成挫伤或刺伤，或粪尿和稀泥浸渍，使指(趾)间皮肤的抵抗力减低，微生物从指(趾)间进入，坏死杆菌是最常见的微生物，所以本病又称指(趾)间坏死杆菌病。

(二)主要症状

初期病牛轻度跛行，患蹄系部和球节屈曲，患肢以蹄尖轻轻负重，约75%的病例发生在后肢。在18～36小时之后，指(趾)间隙和冠部出现肿胀，皮肤上有小的裂口，有难闻的恶臭气味，表面有伪膜形成。在36～72小时后，指(趾)间皮肤坏死、腐脱，指(趾)明显分开，指(趾)部甚至球节出现明显肿胀，剧烈疼痛，病肢常试图提起。体温常常升高，食欲减退，泌乳量明显下降。有的病牛蹄冠部高度肿胀，卧地不起(见图5-15)。

(三)治疗方法

可全身应用抗生素和磺胺给药。局部用防腐液清洗，去除游离的指(趾)间坏死组织，伤口内放置抗生素或消炎药，用绷带环绕两指(趾)包扎，不能装在指(趾)间，否则妨碍引流和创伤开放。口服硫酸锌，可取得满意效果。

(四)预防措施

除去牧场上各种致伤的原因，保证牛舍和运动场的干燥和清洁。定期用硫酸铜或甲醛浴蹄。饲料内亦可添加抗生素或化学抑菌剂进行预防。

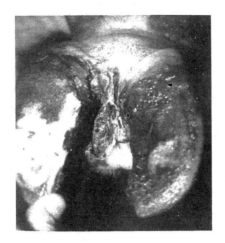

图 5-15　病牛指(趾)间软组织坏死

六、流产

(一)致病原因

流产是指未到预产期，但由于胎儿或母体异常而导致妊娠过程发生紊乱，或两者之间的正常关系受到破坏而导致的妊娠中断。妊娠的各阶段均有流产的可能，以妊娠早期较为常见，夏季高发。引起肉牛流产的原因大致可分为感染性流产和非感染性流产。非感染性流产的原因包括营养性流产、损伤性流产、中毒性流产、药物性流产等。传染性流产包括传染性疾病引发的流产，如布氏杆菌病、钩端螺旋体病、弧菌病、病毒性腹泻、传染性气管炎；霉菌性流产，如衣原体病、李氏杆菌病、流行性热等；寄生虫性流产，如滴虫病、肉孢子虫病、新孢子虫病等。

(二)主要症状

1. 隐性流产

隐性流产是配种后经检查确诊怀孕的母牛，过一段时间复查妊娠现象消失。受精卵附植前后，胚胎组织液化被母体吸收，子宫内部不残留任何痕迹。常无临床症状，多在母牛重新发情时被发现。

2. 小产

母牛流产前，阴道流出透明或半透明的胶冻样黏液，偶尔混有血液，具有分娩的临床征兆但不明显。直肠检查胎动不安；阴道检查子宫颈口闭锁，黏液塞尚未流失。母牛的乳房和阴唇在流产前 2～3 天才肿胀。

3. 早产

早产是排出不足月的活犊，与正常分娩具有相似的征兆。早产胎儿体格虽小，体质虽差，但若经精心护理，仍有成活的可能。胎儿如有吸吮反射，应尽力挽救，帮助吮食母乳或人工乳，并注意保暖。

4. 胎儿干尸化

胎儿干尸化，又称木乃伊，多发于妊娠 4 个月左右。胎儿死在子宫内，因子宫颈口仍关闭，无细菌侵入感染子宫，胎水及死胎的组织水分被母体吸收，呈干尸样。母牛妊娠现象不随时间延长而发展，也不出现发情，到分娩期不见产犊，直肠检查发现子宫内有坚硬固体，无胎动和胎水波动，卵巢有黄体。阴道检查时，子宫阴道部无妊娠变化。

5. 胎儿浸溶

胎儿浸溶是妊娠中断后，死亡胎儿的软组织分解为液体流出，而骨骼仍留在子宫内。病牛表现为精神沉郁，体温升高，食欲减退或废绝，消瘦，腹泻；常努责并从阴门流出红褐色黏稠污秽的液体，具有腐臭味，内含细小骨片，最后仅排出脓液，尾根及坐骨节结上粘附着黏液的干痂。直肠检查时，可摸到子宫内有骨片，捏挤子宫有摩擦音。阴道检查时，子宫颈口开张，阴道内有红褐色黏液、骨碎片或脓汁淤积。

6. 胎儿腐败

胎儿腐败是胎儿死亡后，腐败菌侵入，引起胎儿软组织腐败分解，产生二氧化碳、硫化氢和氨等气体，积于胎儿皮下、胸腹腔和肠管内。临床症状类似于胎儿浸溶，母牛表现为精神不振，腹围增大，强烈努责，阴道内有污褐色不洁液体排出，具腐败味。直肠检查，可触摸到胎儿胎体膨大，有捻发音。

（三）治疗方法

（1）对外观有流产征兆，但子宫颈黏液塞尚未溶解的母牛，应以保胎为主。使用抑制子宫收缩药予以保胎，每隔 5 天肌肉注射孕酮 100～200 毫克，或每隔 2 天皮下注射 1‰硫酸阿托品 15～20 毫克。禁止阴道检查和直肠检查，保证安静的饲养环境。如果母牛起卧不安，胎囊已进入产道或胎水已破，应尽快助产，肌内注射垂体后叶素或新麦角碱。必要时可截胎取出胎儿，用消毒液反复冲洗子宫，并投入抗生素。

（2）对于不可挽回性流产，如果子宫颈口已开，有黏液流出，则以引产为主。使用雌二醇 20～30 毫升，肌内或皮下注射，同时皮下注射催产素 40～50 毫克。

（3）对于胎儿干尸化，如果子宫颈已开，可先向子宫内灌入大量温肥皂水或液状石蜡，再取出干尸化的胎儿。如果子宫颈尚未打开，可肌肉注射雌二醇 20～30 毫克，一般 2～5 小时后可排出胎儿。经上述方法处理无效时可以反复注射，或人为打开宫颈取出胎儿；子宫颈口打开后可以配合使用促子宫收缩药，增强子宫张力。最后要用消毒液冲洗子宫，或投入抗生素。

（4）对于胎儿浸溶，可肌肉注射雌二醇使子宫颈扩张，子宫颈扩张后向子宫内注入温的 0.1‰高锰酸钾溶液，反复冲洗，用手指或器械取出胎儿残骨。最后用生理盐水冲洗子宫，投入抗生素，同时注射促子宫收缩药，促使液体排出。

（5）对胎儿腐败分解的，可切开胎儿皮肤排气，必要时可实施截胎术。要用消毒液反复冲洗子宫，并投入抗生素。

（6）对于习惯性流产的，应在习惯性流产的妊娠期前半月持续注射黄体酮 50～100 毫克/天。

(四)预防措施

加强饲养管理，提高肉牛体质，避免各种意外事故、应激反应和中暑等情况的发生。对于传染性流产，关键是加强免疫、定期做好疫情普查，淘汰或隔离流产的病牛。

七、生产瘫痪

(一)致病原因

生产瘫痪是肉牛分娩前后突然发生的一种严重的营养代谢性疾病，又称乳热病或低血钙症。一般母牛产后血钙水平都会降低，但患牛的血钙水平下降尤其明显，比正常情况下降 30% 左右；同时血磷和血镁含量也会降低。目前，认为导致母牛产后血钙降低的因素有多种。生产瘫痪的发生可能是其中一种或多种因素共同作用的结果。

(二)主要症状

多数患牛是产后 3 天内发病，少数在分娩过程中或分娩前数小时发病，根据临床表现可分为典型(重型)和非典型(轻型) 2 种。典型的生产瘫痪，从发病到出现典型症状不超过 12 小时。发病初期食欲减退或废绝，不反刍，排尿、排粪停止，泌乳量迅速下降。患牛站立不稳，四肢肌肉震颤，不愿走动，后肢交替踏脚(见图 5-16)。1～2 小时内患牛即出现瘫痪症状，不久即出现意识障碍，甚至昏迷，眼睑反射减弱或消失，瞳孔散大，对光线照射无反应，皮肤对疼痛刺激无反应，肛门松弛，个别发生喉头及舌麻痹。听诊心音及脉搏减弱。非典型病例主要是头颈姿势不自然，头颈部呈现"S"状弯曲，患牛精神极度沉郁，但不昏睡，食欲废绝，各种反射减弱，但不完全消失，有时能勉强站立，但站立不稳，行动困难，步态摇摆。体温一般正常，不低于 37℃。

(三)治疗方法

(1)糖钙疗法。用 10% 葡萄糖酸钙 300～500 毫升静脉注射

图 5-16 母牛产后瘫痪

（在其中加入 4％的硼酸可以提高葡萄糖酸钙的溶解度和溶液稳定性）。为了防止发生低血镁症，同时静脉注射 25％硫酸镁100 毫升。钙制剂注射要注意注射速度，并且要观察心脏的情况。钙制剂可重复注射，但最多不能超过 3 次，如 3 次注射无效说明补钙疗法不适应此个体。也可以将 50％葡萄糖 200 毫升、5％葡萄糖 1000 毫升、20％安钠咖 20 毫升、10％葡萄糖酸钙400 毫升，混合一次静注。同时，用 10 毫克硝酸士的宁注射液做荐尾硬膜外腔注射，该法可以缩短疗程，提高效果。

（2）乳房送风疗法。本法特别适用于对糖钙疗法反应不佳或者复发的病例。乳房送风可使流入乳房的血液减少，随血液流入初乳而丧失的钙也减少，血钙水平得以提高。打入空气前要挤净乳房中的牛奶，并用酒精消毒乳头。四个乳区均应打满空气，直至乳房皮肤紧张，乳房基部的边缘清楚隆起，轻敲乳房呈现鼓音为标准，再用纱布扎住乳头，防止空气逸出。通常，乳房送风 30 分钟后，患牛全身状况好转，可以苏醒站立，1 小时后可将结扎布条除去。如乳房已有感染，可先注入 1％碘化钾溶液，然后再进行打气。

（3）乳房内注入鲜奶法。本法原理与乳房送风法相同，效果比送风法更好。向患牛乳房内注入新鲜的乳汁，每个乳区各500～1000毫升。所用鲜乳汁必须来自无乳房炎的奶牛，且严格消毒。

（四）预防措施

（1）母牛分娩前1～2个月控制精料喂量，保证蛋白质供应，但蛋白不能过高；增加粗饲料的喂量。为防止母牛产后能量储备不足或过肥，能量水平不应过低或过高，对于营养良好的母牛，从产前两周开始减少蛋白质饲料。同时，应给母牛补充充足的维生素和微量元素。加强饲养管理，保持牛舍卫生清洁和空气流通，舍饲牛经常晒太阳，以利于维生素 D_3 的合成和促进饲料中钙的吸收，适当增加妊娠母牛的运动量。

（2）分娩前注意控制饲料中钙、磷的比例，二者比例保持在1.5:1 至 1:1 之间为宜，特别是产前两周，钙水平不宜过高。产前 4 周到产后 1 周，每天在饲料中添加 30 克氧化镁，可以防止血钙降低时出现的抽搐症状，对低血镁症有较好的预防效果。也可在产前 3～5 天内每天静脉注射 20％葡萄糖酸钙、25％葡萄糖液各 500 毫升，以预防产后瘫痪。

（3）分娩后最初 3 天不要把初乳挤得太干净，保留一半左右，以维持乳房内有一定的压力和防止钙损失过多。

模块六　羊的生产技术

第一节　羊的品种

一、绵羊的经济类型

全世界现有绵羊品种 600 多个，按其生产方向可分为细毛羊、半细毛羊、粗毛羊和毛皮用羊 4 种经济类型。

（一）细毛羊

细毛羊全身披满绒毛，产毛量高，腹下毛拖至地面，毛丛结构良好，呈闭合型，毛绒有较小而密的半圆形弯曲，毛长 8～12 厘米，细度达 60～64 支。细毛羊分为毛用、毛肉兼用和肉毛兼用 3 种。

1. 毛用细毛羊

毛用细毛羊每千克体重可产净毛 50 克以上，公羊有发达的螺旋形角，母羊无角，颈部有 2～3 个皱褶，体躯有明显皱褶，头和四肢绒毛覆盖度好，产净毛较多。

2. 毛肉兼用细毛羊

毛肉兼用细毛羊每千克体重可产净毛 40～50 克，绝对产毛量不低于毛用细毛羊。此种羊体格较大，肌肉发达，公羊有螺旋形角，颈部有 1～2 个皱褶。母羊无角，颈部有发达的纵皱褶。如引入的高加索羊、阿斯卡尼羊和我国育成的新疆细毛羊、东北细毛羊、内蒙古细毛羊、敖汗细毛羊等。我国育成的品种耐粗饲、耐寒暑、适应性好、抗病力强，但其外貌的一致性、产毛量及毛的品质等方面还有待改进和提高。

3. 肉毛兼用细毛羊

肉毛兼用细毛羊体躯宽深，肌肉发达。颈部和体躯缺乏皱褶，较早熟，每千克体重产净毛 30～40 克，屠宰率 50% 以上。如德国美利奴羊和泊列考斯羊等。

(二) 半细毛羊

半细毛羊品种分为三类，第一类为我国地方良种，如同羊和小尾寒羊，其羊毛品质接近半细毛羊，但产毛量低于现代育成的半细毛羊。第二类为早熟肉用半细毛羊，此品种大部分由英国育成，可分为中毛肉用羊(如南丘羊、陶赛特羊等)和长毛肉用羊(如林肯羊、罗姆尼羊、边区莱斯特羊等)，前者早熟、肉质优美、屠宰率高、毛细而短，后者毛较粗、长，肉用性能良好。第三类为杂交型半细毛羊，是以长毛种半细毛羊和细毛羊为基础杂交育成的，如考力代羊、茨盖羊。

(三) 粗毛羊

粗毛羊的被毛为异质毛，由多种纤维类型所组成(包括无髓毛、两型毛、有髓毛、干毛及死毛)。粗毛羊均为地方品种，缺点为产毛量低、羊毛品质差、工艺性能不良等，但也具有适应性强、耐粗放的饲养管理条件及严酷的气候条件、皮和肉的性能好等优点，特别是夏秋牧草丰茂季节的抓膘能力强，并能在体内储积大量脂肪供冬春草枯季节消耗用，如蒙古羊、西藏羊、哈萨克羊等。

(四) 毛皮用羊

主要用于生产毛皮，耐干旱、炎热和粗饲，如卡拉库尔羊、湖羊、滩羊。

二、羊的主要品种

(一) 绵羊的主要品种

1. 细毛羊品种

(1) 澳洲美利奴羊。原产于澳大利亚和新西兰，是世界上著名的细毛羊品种。

澳洲美利奴羊体型近似长方形，腿短、体宽、背部平直，后躯肌肉丰满，公羊颈部有1～3个发育完全或不完全的横皱褶，母羊有发达的纵皱褶。该品种羊的毛被、毛丛结构良好，毛密度大，细度均匀，油汗白色，弯曲均匀、整齐而明显，光泽良好。羊毛覆盖头部至两眼连线，前肢至腕关节或以下，后肢至飞节或以下。根据体重、羊毛长度和细度等指标的不同，澳洲美利奴羊分为超细型、细毛型、中毛型和强毛型4种类型，而在中毛型和强毛型中又分为有角系与无角系2种。

细毛型品种，成年公羊体重60～70千克，产毛量7.5～8.5千克；细度64～70支，长度7.5～8.5厘米；成年母羊，剪毛后体重33～40千克，细度64～70支，长度7.5～8.5厘米。产毛量7.5～8.5千克。

（2）波尔华斯羊。原产于澳大利亚维多利亚州的西部地区。成年公羊体重56～77千克，成年母羊45～56千克。成年公羊剪毛量5.5～9.5千克，成年母羊3.6～5.5千克。毛长10～15厘米。细度58～60支。弯曲均匀，羊毛匀度良好。

（3）苏联美利奴羊。产于前苏联，是前苏联数量最多、分布最广的细毛羊品种。主要分为2个类型：毛肉兼用型和毛用型。毛肉兼用型羊很好地结合了毛和肉的生产性能，有结实的体质和对西伯利亚严酷自然条件很好的适应性能，成熟较早。毛用型羊产毛量高，羊毛的细度、强度、匀度等品质均比较好。但羊肉品质和早熟性较差，体格中等，剪毛后体躯上可见小皱褶。苏联美利奴成年公羊的体重平均为101.4千克，母羊54.9千克；成年公羊剪毛量平均为16.1千克，母羊7.7千克。毛长8～9厘米，细度以54支左右。

（4）中国美利奴羊。原产于新疆维吾尔自治区、内蒙古自治区和吉林省。按育种场所在地区分为新疆型、新疆军垦型、科尔沁型和吉林型。

中国美利奴羊的育种工作从1972年开始，主要是以澳洲美利奴公羊与波尔华斯母羊杂交，在新疆地区还选用了部分新疆细毛羊和军垦细毛羊的母羊参与杂交育种。经过 13 年的努力，于 1985 年育成，同年经国家经济贸易委员会(国家经委)命名为"中国美利奴羊"。这是我国培育的第一个毛用细毛羊品种。

中国美利奴羊体质结实、体型呈长方形。头毛密长、着生至眼线，外形似帽状。鬐甲宽平、胸宽深、背平直、尻宽面平、后躯丰满。鬑部皮肤宽松，四肢结实，肢势端正。公羊有螺旋形角，少数无角，母羊无角。公羊颈部有 1~2 个横皱褶，母羊有发达的纵皱褶。无论公、母羊体躯均无明显的皱褶。被毛呈毛丛结构，闭合良好，密度大，全身被毛有明显的大、中弯曲。细度 60~64 支，毛长 7~12 厘米，各部位毛丛长度和细度均匀，前肢着生至腕关节，后肢至飞节，腹毛着生良好。成年公羊剪毛后体重 91.8 千克，原毛产量 17.37 千克；成年母羊剪毛后体重 40~45 千克，原毛产量 6.4~7.2 千克。

(5)新疆毛肉兼用细毛羊。简称新疆细毛羊，产于新疆维吾尔自治区。于 1954 年在新疆巩乃斯种羊场育成。在新疆细毛羊的育种中，用高加索、泊列考斯羊为父本与当地哈萨克羊和蒙古羊为母本采用复杂的育成杂交培育而成。新疆细毛羊是我国育成的第一个细毛羊品种。

新疆细毛羊公羊大多数有螺旋形角，母羊无角。公羊的鼻梁微有隆起，母羊鼻梁呈直线或几乎呈直线。公羊颈部有 1~2 个完全或不完全的横皱褶，母羊颈部有一个横皱褶或发达的纵皱褶。体躯无皱，皮肤宽松，体质结实，结构匀称，胸部宽深，背直而宽，腹线平直，体躯长深，后躯丰满，四肢结实，蹄质致密，肢势端正。被毛白色，闭合性良好，有中等以上密度，有明显的正常弯曲，细度为 60~64 支。体侧部 12 个月毛长在 7 厘米以上，各部位毛的长度和细度均匀。细毛着生头部至眼线，前肢至腕关节，后肢达飞节或飞节以下，腹毛较长，呈毛丛结构，没有环状弯曲。成年公羊体重 93.6 千克，剪毛量 12.42 千克；成年体重母羊 48.29 千克，剪毛量 5.46 千克。

（6）东北毛肉兼用细毛羊，简称东北细毛羊。产于我国东北三省，内蒙古、河北等华北地区也有分布。东北细毛羊是用苏联美利奴细毛羊、高加索细毛羊、斯达夫洛波细毛羊、阿斯卡尼细毛羊和新疆细毛羊等为父本与当地杂种母羊育成杂交，经多年精心培育，严格选择，加强饲养管理，于 1967 年育成。

东北细毛羊体质结实，体格大，体形匀称。体躯无皱褶，皮肤宽松，胸宽紧，背平直，体躯长，后躯丰满，肢势端正。公羊有螺旋形角，颈部有 1～2 个完全或不完全的横皱褶。母羊无角，颈部有发达的纵皱褶。被毛白色，闭合良好，有中等以上密度，体侧部 12 个月毛长 7 厘米以上（种公羊 8 厘米以上），细度 60～64 支。细毛着生到两眼连线，前肢至腕关节，后肢达飞节，腹毛长度较体侧毛长度相差不少于 2 厘米。呈毛丛结构，无环状弯曲。成年公羊剪毛后体重 99.31 千克，剪毛量 14.59 千克；成年母羊体重为 50.62 千克，剪毛量 5.69 千克。

（7）青海毛肉兼用细毛羊。简称青海细毛羊，是用新疆细毛羊、高加索细毛羊、萨尔细毛羊为父本，当地的西藏羊为母本，采用复杂育成杂交于 1976 年培育而成。

青海细毛羊体质结实，结构匀称，公羊多有螺旋形的大角，母羊无角或有小角，公羊颈部有 1～2 个明显或不明显的横皱褶，母羊颈部有纵皱褶。细毛着生头部到眼线、前肢至腕关节，后肢达飞节。被毛纯白弯曲正常，被毛密度密，细度为 60～64 支。成年种公羊剪毛前体重 80.81 千克，毛长 9.62 厘米，剪毛量 8.6 千克；成年母羊剪毛前体重 64 千克，毛长 8.67 厘米，剪毛量 6.4 千克。

2. 半细毛羊品种

（1）夏洛来羊。原产于法国。胸宽而深，肋部拱圆，背部肌肉发达，体躯呈圆桶状，肉用性能好。被毛同质、白色。毛长 4～7 厘米，毛纤维细度 50～58 支。成年公羊剪毛量 3～4 千克，成年母羊 1.5～2.2 千克。

夏洛来羊生长发育快，一般 6 月龄公羊体重 48～53 千克，母羊 38～43 千克。成年公羊体重 100～150 千克，成年母羊 75～95 千克。胴体质量好，瘦肉多，脂肪少。产羔率高，经产母羊为 182.37%，初产母羊为 135.32%。

自 20 世纪 80 年代以来，内蒙古、河北、河南等地先后数批引入夏洛来羊。根据饲养观察，夏洛来羊采食力强，不挑食，易于适应变化的饲养条件。

(2)茨盖羊。茨盖羊原产于前苏联的乌克兰地区。羊体质结实，体格大。公羊有螺旋形角，母羊无角或只有角痕。胸深，背腰较宽而平。毛被覆盖头部至眼线。毛色纯白，少数个体在耳及四肢有褐色或黑色斑点。成年公羊体重为 80.0～90.0 千克，剪毛量 6.0～8.0 千克；成年母羊体重 50.0～55.0 千克，剪毛量 3.0～4.0 千克。毛长 8～9 厘米，细度 46～56 支。

(3)英国罗姆尼羊。原产于英国东南部的肯特郡，又称肯特羊。英国罗姆尼羊四肢较高，体躯长而宽，后躯比较发达，头型略显狭长，头、肢被毛覆盖较差，体质结实，骨骼坚强，放牧游走能力好。新西兰罗姆尼羊为肉用体型，四肢矮短，背腰平直，体躯长，头、肢被毛覆盖良好，但放牧游走能力差，采食能力不如英国罗姆尼羊。

(4)同羊。也叫同州羊。体质结实，侧视体躯呈长方形。公羊体重 60～65 千克，母羊体重 40～46 千克。头颈较长，鼻梁微隆，耳中等大。公羊具小弯角，角尖稍向外撇，母羊约半数有小角或栗状角。前躯稍窄，中躯较长，后躯较发达。四肢坚实而较高。尾大如扇，有大量脂肪沉积，以方形尾和圆形尾多见，另有三角尾、小圆尾等。全身主要部位毛色纯白，部分个体眼圈、耳、鼻端、嘴端及面部有杂色斑点或少量杂色毛，面部和四肢下部为刺毛覆盖，腹部多为异质粗毛和少量刺毛覆盖。基本为全年发情，仅在酷热和严寒时短期内不发情。性成熟较早，母羊 5～6 月龄即可发情配种，怀孕期 145～150 天。平均产羔率 190% 以上。每年产 2 胎，或 2 年产 3 胎。

(5)小尾寒羊。主要分布在山东和河北省境内。该品种羊生长发育快，早熟，肉用性能好，是进行羊肉生产特别是肥羔生产的理想品种，被毛白色者居多、异质。成年公羊体重94.15千克，成年母羊体重48.75千克。该品种具有早熟、多胎、多羔、生长快、体格大、产肉多、裘皮好、遗传性稳定和适应性强等优点。母羊一年四季发情，通常是2年产3胎，有的甚至是1年产2胎，每胎产双羔、三羔者屡见不鲜，产羔率平均270%，居我国地方绵羊品种之首。

（二）山羊的主要品种

我国饲养的山羊品种繁多，可分为乳用山羊、裘羔皮用山羊、肉绒用山羊和普通山羊。

1. 萨能山羊

原产于瑞士，是世界著名的乳用山羊，国内外许多奶山羊都含有其血液，在我国饲养表现良好。

萨能山羊全身白色或淡黄色，轮廓明显，细致紧凑，公母羊均无角有须，公羊颈粗短，母羊颈细长扁平，体躯深广，背长直、乳房发育良好。成年公羊体重75～100千克，母羊50～60千克，产羔率160%～220%，泌乳期8～10个月，年产乳量600～700千克，乳脂率3.2%～4.2%。

2. 关中奶山羊

产于陕西省关中地区。系用萨能山羊与本地母山羊杂交育成的品种，其外形似萨能山羊。成年公羊体重85～100千克，母羊50～55千克，泌乳6～8个月，产奶量400～700千克，乳脂率3.5%左右，产羔率160%左右，经选育，质量有显著提高。

3. 中卫沙毛山羊

产于宁夏、甘肃，是世界上唯一珍贵的裘皮山羊品种。中卫山羊体躯短深，体质结实，耐粗饲，耐寒暑，抗病力强。公母羊均有角和须，公羊角大呈半螺旋形，母羊角呈镰刀状。中卫山羊以两型毛为主，成年公羊体重为54.25千克左右，产绒量 164～200 克；成年母羊体重为 37 千克左右，产绒量 140～190 克。屠宰率 46.4％，产羔率 106％。

4. 辽宁绒山羊

产于辽东半岛。体质结实，结构匀称，被毛纯白，成年公羊平均产绒 540 克，母羊产绒 470 克，绒长 5.5 厘米，属我国产绒量最高的品种。产肉性能较好，屠宰率 50％左右，净肉率 35％～37％，产羔率为 110％～120％。近年来经杂交改良，产绒量有显著提高。

5. 内蒙古绒山羊

原产于内蒙古自治区。该品种公、母羊均有角，体躯较长，紧凑。全身被毛白色，分为长细毛型和短粗毛型，以短粗毛型的产绒量为高。成年公羊体重 45～52 千克，产绒量 400 克；成年母羊 36～45 千克，产绒量 360 克。多产单羔，产羔率 100％～105％。屠宰率 40％～50％。

第二节　幼羊的养殖技术

一、羔羊的培育

羔羊的哺乳期一般为 4 个月，在这期间应加强管理，精心饲养，提高羔羊的成活率。

（一）母子群的护理

对羔羊采取小圈、中圈和大圈进行管理，是培育好羔羊的有效措施。母子在小圈（产圈）中生活 1～3 天，便于观察母羊和羔羊的健康状况，发现有异常立即处理。接着转入中圈生活 3 周，每个中圈可带羔母羊由 15 只渐增至 30 只。3 周后即可入大圈饲养，每个大圈饲养的带羔母羊数随牧地的地形和牧草状况而有所不同，草原饲养量较多，可达 100～150 只，而丘陵和山饲养量地较少为 20～30 只。

（二）母子群的放牧和补饲

羔羊生后 5～7 天起，可在运动场上自由活动，母羊在近处放牧，白天哺乳 2～3 次，夜间母子同圈，充分哺乳。3 周龄后可在近处母子同牧，也可将母羊和羔羊分群放牧，中午哺乳一次，晚上母子同圈，充分哺乳。

羔羊 10 日龄开始补喂优质干草，并逐渐增加喂量，以锻炼其消化器官，提高消化机能。同时，在哺乳前期亦应加强母羊的补饲，以提高其泌乳量，使羔羊获得充足的营养，有利于生长发育。

（三）断乳

羔羊一般在 4 月龄断乳。羔羊断乳的方法有一次性断乳和逐渐断乳两种。后者虽较麻烦，但能防止得乳房炎。断乳时，把母羊抽走，羔羊留原圈饲养，待羔羊习惯后再按性别、强弱分群。断乳后母羊圈与羔羊圈以及它们的放牧地，都尽可能相隔远一些，使母羊和羔羊能尽快安静，恢复正常生活。

二、育成羊的培育

育成羊是指从断乳到第一次配种前的羊（即 5～18 月龄的羊）。羔羊断奶后正处在迅速生长发育阶段，此时若饲养不精心，就会导致羊只生长发育受阻，体型窄浅，体重小，剪毛量低等缺陷。因此，对育成羊要加强饲养管理。断乳初期要选择草长势较好的牧地放牧并坚持补饲；夏季注意防暑、防潮湿；秋季抓好秋膘；冬春季节抓好放牧和补饲。入冬前备足草料，育成羊除放牧外每只每日补料 0.2～0.3 千克，留作种用的育成羊，每只每日补饲混合精料 1.5 千克。为了掌握羊的生长发育情况，对羊群要随机抽样，进行定期称重（每月 1 次），清晨空腹进行。

第三节　绵羊的养殖技术

一、放牧绵羊的饲养管理

（一）四季放牧要点

四季放牧是指羊群在春、夏、秋、冬四季放牧的方法和草场的选择。

1. 编群

放牧羊群应根据羊的品种、性别、年龄和体质强弱等进行合理编群。羊群的大小，可依草场和羊的具体情况而定，牧区细毛羊及其高代杂种羊 300～500 只一群；半细毛羊及其高代杂种羊 150～200 只一群，羯羊 400～500 只一群，种公羊 20～50 只一群。半农半牧区和山区每群的只数则根据草场大小和牧草的产量和质量相应减少。农区每群羊的数量更少些，一般从几十只到百只，每群由 1～2 名放牧员管理。

2. 春季放牧（3～5 月中旬）

绵羊经过冬季的严寒和缺草，到春季时身体十分虚弱，牧草又青黄不接。而在我国多数地区，此时还正值羊只的繁殖季节，故春季是羊群的困难时期，应精心放牧，加强补饲，以尽快恢复绵羊的体力，搞好妊娠母羊的保胎工作。

春季放牧要选择距离较近、较好的牧地放牧，尽量减少其体力消耗，并便于在天气突变时迅速回圈。早春出牧前应先补饲干草或先放阴坡的黄草，后放青草，以免放青及误食毒草。为了防止放青，要注意控制羊群，拢羊躲青，慢走稳放，多吃少走。晚春当牧草达到适宜高度时，应逐渐增加放牧时间，使羊群多吃，吃饱，为全年放好羊、抓好膘奠定基础。

3. 夏季放牧（5 月下旬至 8 月末）

羊经过春季放牧，身体逐渐得以恢复，到了夏季，日暖天长，牧草茂盛，营养价值高，正是抓膘的好时机。但夏天蚊蝇侵扰，应选择高燥、凉爽、饮水方便的地方放牧。中午天热，羊只易起堆，应及时赶开，或把整个羊群赶到阴凉处休息。

在良好的夏收条件下，羊只身体健壮，应促使其发情，为夏秋配种做好谁备。

4. 秋季放牧(9～10月份)

秋季气候凉爽，日渐变短，牧草开始枯老，草籽成熟。农田中收获后的茬子地中有大量的穗头和杂草，羊群食欲旺盛，正是抓膘的大好时机。同时，秋季在我国北方地区正是绵羊配种季节，抓好秋膘是提高受胎率、产羔率和为羊群越冬度春奠定物质基础的重要措施，在我国南方正是母羊怀孕后期，抓好秋膘是提高羔羊初生重、提高母羊泌乳量及羔羊品质的重要措施。

秋季应选牧草茂盛、草质良好的牧地放牧，并尽可能在茬地放牧，以便迅速增膘。放牧中要避开有荆棘、带钩种子和成熟羽茅之处，以免挂毛、降低羊毛品质和刺伤羊体。

秋季无霜期间放牧，应早出晚归，中午不休息，以延长放牧时间，使羊群迅速增膘。早霜降临后，应晚出晚归，避开早霜。配种后的母羊群应防止其跳越沟壕、拥挤和驱赶过急，以免引起流产。

5. 冬季放牧(12月至翌年2月)

羊群进入冬季草场之后，逐渐趋于夜长昼短、天寒草枯时期，羊体热能消耗量大，同时母羊已怀孕或正值冬季配种期。育成羊进入第一个越冬期。所以保膘、保育、保胎就成了冬季养羊生产的中心任务。冬季放牧要有计划地利用好冬季草场，即在棚舍附近，给怀孕母羊留出足够的草场并加以保护，然后按照先远后近、先阴后阳、先高后低、先沟后平的顺序，合理安排羊群的放牧草场。

冬季放牧应晚出早归，午间不休息，全天放牧，尽量令羊少走路，多吃草，归牧后进行补饲，注意饮水。遇到大风雪天气，可暂停出牧，留圈补饲，以防造成损失。

羊群进入冬季草场前要做好羊群安全过冬的准备工作。如加强羊群秋季的抓膘，预留冬季放牧地，储草备料。整顿羊群，修棚搭圈，进行驱虫和检疫等。

（二）补饲与管理

补草补料是养羊业中一项很重要的工作，尤其对放牧饲养的良种羊补饲更为重要。在生产实践中，应根据羊的营养水平、生理状态和经济价值等具体情况进行合理的补饲。

1. 补饲时期

放牧饲养的羊，从 11 月份开始对经济价值高的羊群和瘦弱的母羊进行重点补饲。一般每天每只羊补给干草 1～2 千克。进入 1 月份以后，对所有羊群要进行补饲。

坚持每日早晚各补喂干草 1～2 千克，每天每只补饲混合精料 0.1～0.2 千克。

2. 种公羊的补饲与管理

种公羊在全部羊群中数量虽少，但对提高羊群繁殖率和后代的生产性能作用很大，因此，应养好种公羊。种公羊的饲养分为非配种期和配种期两个阶段。

（1）非配种期。非配种期的种公羊应以放牧为主，结合补饲，每天每只喂混合精料 0.4～0.6 千克。冬季补饲优质干草 1.5～2.0 千克，青储料及多汁饲料 1.5～2.0 千克，分早晚两次喂给。每天饮水不少于 2 次。加强放牧运动，每天游走不少于 10 千米。羊舍的光线要充足，通风良好，保持清洁干燥。

（2）配种期。配种前 45 天开始转为配种期饲养管理。此期应供给种公羊富含蛋白质、维生素、矿物质的混合精料和干草。根据种公羊的配种任务确定补饲量。一般每只每天补饲混合精料 1～1.5 千克，干草任意采食，骨粉 10 克，食盐 15～20 克，每天分 3 次喂饲。对采精 3 次以上的优秀种公羊，每天加喂鸡蛋 2～3 个或牛奶 1～2 千克或其他动物性饲料，以提高精液品质。

在加强补饲的同时还要安排种公羊进行合理运动，运动不足或过量都会影响精液质量和体质。配种期，应保持种公羊足够的运动量，炎热天气要充分利用早晚时间运动，采取快步驱赶和自由行走相结合的方法，每天运动 2 小时，行程 4 千米左右。

3. 怀孕母羊的补饲

母羊怀孕后 2 个月，开始增加精料给量。怀孕后期每天每只补干草 1～1.5 千克，精料 0.5 千克。饲料要清洁，不应给冰冻和发霉变质的饲料，不饮冰碴水，以防流产。每天饮水 2～3 次。

二、绵羊的一般管理

（一）剪毛

细毛羊、半细毛羊每年春季剪毛 1 次，粗毛羊每年春秋各剪 1 次。剪毛时间，北方牧区和半农牧区多在 5 月下旬至 6 月上旬，南方农区在 4 月中旬至 5 月中旬。秋季剪毛多在 8 月下旬至 9 月上旬。剪毛时羊只须停食 12 小时以上，并不应捆绑，防止羊胃肠臌胀，剪毛后控制羊只采食。

（二）断尾

细毛羊、半细毛羊及代数较高的杂种羊在生后 1～2 周内断尾。常用的断尾方法是热断法，即用烧热的火钳在距尾根 5 厘米处钳断，不用包扎。

（三）去势

不作种用的公羊，为便于管理，一律去势。一般在生后 2 周左右进行。去势后给以适当运动，但不追逐、不远牧、不过水以免炎症。

（四）药浴

每年药浴 2 次，一次是在剪毛后的 1～2 周内进行，另一次在配种前进行。可用 0.3％敌百虫水或 2％来苏儿。让羊在药浴池内浸泡 2～3 分钟，药浴水温不低于 20℃。

第四节　奶山羊的养殖技术

一、母羊妊娠期的饲养管理

母羊妊娠前期胎儿发育缓慢，需要营养物质不多，但要求营养全面。妊娠后期胎儿发育快，应增加 15％～20％的营养物质，以满足母羊和胎儿发育的需要，使母羊在分娩前体重能增加 20％以上。分娩前 2～4 天，应减少喂料量，尽量选择优质嫩干草饲喂。分娩后的 2～4 天，因母羊消化弱，主要喂给优质嫩青干草，精料可不喂。分娩 4 天后视母羊的体况、消化力的强弱、乳房膨胀的情况掌握给料量，注意料量逐渐地增加。

二、母羊产乳期的饲养管理

奶山羊的泌乳期为 9～10 个月。在产乳期母羊代谢十分旺盛，一切不利因素都要排除。在产乳初期，对产乳量的提高不能操之过急，应喂给大量的青干草，灵活掌握青绿多汁饲料和精料的给量，直到 10～15 天后再按饲养标准喂给日粮。奶山羊的泌乳高峰一般在产后 30～45 天，高产母羊在 40～70 天。进入高峰期后，除喂给相当于母羊体重 2％的青干草和尽可能多的青绿多汁饲料外，再补喂一些精料，以补充营养的不足。如一只体重 50 千克、日产奶 3.5 千克的母羊，可采食 1 千克优质干草、4 千克青储料、1 千克混合精料。每日饮水 3～4 次，冬季以温水为宜。产奶高峰过后，精料下降速度要慢，否则会加速奶量的下降。

挤奶时先要按摩乳房，用 40～50℃的温水洗净乳房，用拳握法挤奶。挤奶人员及挤奶用具都要保持清洁，避免灰尘掉入奶中而降低奶的品质。挤奶次数，根据泌乳量的多少而定，一般日产乳量在 3 千克以下者，日挤乳 2 次；5 千克左右者日挤乳 3 次；6～10 千克者日挤乳 4～5 次，每次挤乳间隔的时间应相等。

三、母羊干乳期的饲养管理

干乳期是指母羊不产奶的时期。这时母羊经过 2 个泌乳期的生产，体况较差，加上这个时期又是妊娠的后期。为了使母羊恢复体况储备营养，保证胎儿发育的需要，应停止挤奶。干乳期一般为 60 天左右。

干乳期母羊的饲养标准，可按日产 1.0～1.5 千克奶，体重 60 千克的产奶羊为标准，每天给青干草 1 千克、青储料 2 千克、混合精料 0.25～0.3 千克。其次，要减少挤奶次数，打乱正常的挤奶时间，增加运动量，这样很快就能干乳。当奶量降下后，最后一次奶要挤净，并在乳头开口处涂上金霉素软膏封口。

第五节　羊常见疾病防治技术

一、羊瘤胃积食防治技术

（一）概述

羊瘤胃积食是指瘤胃充满饲料，超过了正常容积，致使胃体积增大，胃壁扩张，食糜滞留在瘤胃引起严重消化不良的疾病。该病临床特征为反刍、嗳气停止，瘤胃坚实，疝痛，瘤胃蠕动极弱或消失。

（二）技术特点

1. 发病原因

羊吃了过多的质量不良、粗硬易膨胀的饲料，如块根类、豆饼、霉败饲料，或采食干料而饮水不足等。当患有前胃弛缓、瓣胃阻塞、创伤性网胃炎、腹膜炎、真胃炎、真胃阻塞等疾病时可继发瘤胃积食。

2. 临床症状

病羊在发病初期食欲、反刍、嗳气减少或停止。鼻镜干燥，羊瘤胃积食，排粪困难，腹痛，不安摇尾，弓背，回头顾腹，呻吟咩叫。呼吸急促，脉搏加快，结膜发绀。听诊：瘤胃蠕动音减弱、消失。触诊：瘤胃胀满、硬实。后期由于过食造成胃中食物腐败发酵，导致酸中毒和胃炎，精神极度沉郁，全身症状加剧，四肢颤抖，常卧地不起，呈昏迷状态(见图 6-1)。

图 6-1　瘤胃积食病羊

3. 防治措施

(1)预防。加强饲养管理。如果饲草、饲料过于粗硬，要经过加工再喂，注意不要让羊贪食与暴食，要加强运动。

(2)治疗。原则是消导下泻，止酵防腐，纠正酸中毒，健胃补液。

消导下泻：石蜡油 100 毫升、人工盐或硫酸镁 50 克、芳香氨醑 10 毫升，加水 500 毫升，1 次灌服。

止酵防腐：鱼石脂 1～3 克、陈皮酊 20 毫升，加水 250 毫升，1 次内服。

纠正酸中毒：5％的碳酸氢钠 100 毫升、5％的葡萄糖 200 毫升，1 次静脉注射。

药物治疗无效时，即速进行瘤胃切开术，取出内容物。

病羊恢复期可用健胃剂促进食欲恢复，如用龙胆酊 5～10 毫升，1 次灌服；或用人工盐 5～10 克、大蒜泥 10～20 克，加适量水混合后 1 次灌服，每日 2 次。

二、羔羊痢疾防治技术

(一)概述

羔羊痢疾是由 B 型魏氏梭菌引起的初生羔羊的一种急性毒血症,以剧烈腹泻和小肠发生溃疡为特征。

(二)技术特点

1. 病原特征

该病病原为 B 型魏氏梭菌,分类上属于梭菌属。为厌气性粗大杆菌,革兰氏染色阳性,能产生芽胞,在羊体内能产生多种毒素。其繁殖体一般的消毒药即可杀死,而芽胞则有较强的抵抗力,可在土壤中存活多年。

2. 流行特点

本病主要危害 7 日龄以内的羔羊,其中,以 2～3 日龄的发病最多,7 日龄以上的很少发病。传染途径主要是通过消化道,病原菌通过羔羊吮乳、饲养员的手和羊的粪便进入羔羊消化道。也可能通过脐带或创伤感染。在外界不良诱因如母羊怀孕期营养不良、羔羊体质瘦弱、气候寒冷、羔羊受冻、哺乳不均、羔羊饥饱不匀,羔羊抵抗力减弱时,细菌大量繁殖,产生毒素而发病。发病率和死亡率均很高,可使羔羊大批死亡。

3. 临床症状

羔羊痢疾潜伏期为 1～2 天,病初羔羊精神委顿,低头拱背,不想吃奶。不久就发生腹泻,粪便恶臭,有的稠如面糊,有的稀薄如水;到了后期,有的粪便含有血液,直到成为血便。病羔逐渐虚弱,卧地不起,若不及时治疗,常在 1～2 天内死亡。以神经症状为主者,四肢瘫软,卧地不起,呼吸急促,口流白沫,最后昏迷,头向后仰,体温降至常温以下,常在数小时到十几小时内死亡。

4. 病理变化

尸体脱水严重,尾部被毛被稀粪玷污。胃肠有卡他性或出血性炎症，真胃黏膜部出血、水肿，小肠出血性炎症比大肠严重，肠内容物有大量气体并混有血液。病程长的羊，其肠黏膜出现溃疡和坏死，溃疡多数直径可达1～2毫米，溃疡周围有一出血带环绕。肠系膜淋巴结肿胀充血或出血，心内膜有时有出血点，肺充血或出现淤斑（见图6-2）。

图6-2　羔羊痢疾肠出血性肠炎、充气

5. 防治措施

（1）预防。加强母羊的饲养管理，搞好母羊的抓膘保膘，增强孕羊体质。孕后期6周，羔羊发育迅速，要注意营养平衡，供给优质日粮，使所产羔羊体格健壮。产羔季节注意保暖，防止羔羊受冻，保持地面干燥，通风良好，光照充足。让羔羊尽早吃到初乳，合理哺乳，避免饥饱不匀。产羔圈舍保持清洁卫生，经常消毒，注意通风排气，保温，干燥防湿。疫区每年秋季注射羔羊痢疾疫苗或"羊快疫、猝狙、肠毒血症、羔羊痢疾、黑疫"五联苗，产前2～3周再接种1次。羔羊出生后12小时内，灌服土霉素0.15～0.2克，每日1次，连续灌服3天，有一定的预防效果。

（2）治疗。要细心观察，发病时，对病羔要做到及早发现，及早治疗。用敌菌净与磺胺脒1:5的比例混合，每千克体重30毫克，当羔羊生后能哺乳时投药。首次量加倍，每天服药

2 次，连续 3 天。土霉素 0.2～0.3 克，或再加胃蛋白酶 0.2～
0.3 克，加水灌服，每日 2 次。对病程较长的羔羊，静脉注射
5％或 10％葡萄糖或生理盐水 250 毫升/只，同时给予强心类
药物。

三、羊传染性胸膜肺炎

（一）概述

羊传染性胸膜肺炎又称羊支原体性肺炎，俗称"烂肺病"。该病
是由支原体引起的羊的一种高度接触性传染病。其特征是纤维性胸
膜肺炎。该病许多国家都有发生，我国饲养山羊的地区较为多见。

（二）技术特点

1. 病原特征

羊传染性胸膜肺炎的病原为多种支原体，常见的有丝状支
原体山羊亚种和绵羊肺炎支原体。丝状支原体山羊亚种，属于
支原体科、支原体属。丝状支原体为一细小、多形性微生物，
革兰氏染色阴性，用姬姆萨氏法、卡斯坦奈达氏法或美蓝染色
法着色良好。丝状支原体山羊亚种对理化因素的抵抗力弱，对
红霉素高度敏感，四环素对其也有较强的抑制作用，但对青霉
素、链霉素不敏感。而绵羊肺炎支原体则对红霉素不敏感（见图
6-3）。

2. 流行特点

在自然条件下，丝状支原体山羊亚种只感染山羊，3 岁以下
的山羊最易感染，而绵羊肺炎支原体则可感染山羊和绵羊。病
羊和带菌羊是本病的主要传染源。本病常呈地方流行性，接触
传染性很强，主要通过空气—飞沫经呼吸道传染。阴雨连绵，
寒冷潮湿，羊群密集、拥挤等因素，易于发病。多发生在山区
和草原，主要见于冬季和早春枯草季节，羊只营养缺乏，容易
受寒感冒，因而机体抵抗力降低，较易发病，发病后死亡率也
较高，呈地方流行。冬季流行期平均为 15 天，夏季可维持 2 个

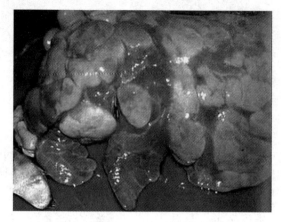

图 6-3　肺实质肝变

月以上。

3. 临床症状

潜伏期平均 18～20 天。病初体温升高，精神沉郁，食欲减退，随即咳嗽，流浆液性鼻漏。4～5 天后咳嗽加重，干咳而痛苦，浆液性鼻漏变为黏脓性，常黏附于鼻孔、上唇，呈铁锈色。病羊多在一侧出现胸膜肺炎症状，肺部叩诊有实音区，听诊肺呈支气管呼吸音或呈摩擦音，触压胸壁，羊表现敏感、疼痛。病羊呼吸困难，高热稽留，眼睑肿胀，流泪或有黏液、脓性分泌物，腰背拱起作痛苦状。怀孕母羊可发生流产，部分羊肚胀腹泻，有些病例口腔溃烂，唇部、乳房等部位皮肤发疹。病羊在濒死前体温降至常温以下，病期多为 7～15 天。

4. 病理变化

病变多局限于胸部。胸腔常有淡黄色积液，暴露于空气后其中的纤维蛋白易于凝固。病理损害多发生于一胸部侧，常呈纤维蛋白性肺炎，间或为两侧性肺炎。肺实质性病变，切面呈大理石样变化。肺小叶间质变宽，界限明显。血管内常有血栓形成。胸膜增厚而粗糙，常与肋膜、心包膜发生粘连。支气管淋巴结、纵膈淋巴结肿大，切面多汁并有出血点。心包积液，心肌松弛、变软。肝脏、脾脏肿大，胆囊肿胀。肾脏肿大，被膜下可见有小点出血。病程久者，肺肝变区肌化，结缔组织增生，甚至有包囊化的坏死灶。

5. 防治措施

(1)预防。提倡自繁自养，新引入的山羊，至少隔离观察1个月，确认无病后方可混群。保持环境卫生，改善羊舍通风条件，经常用百毒杀1000倍液对羊舍及四周环境喷雾消毒。做好免疫，对疫区的假定健康羊接种疫苗。目前我国羊传染性胸膜肺炎疫苗有用丝状支原体山羊亚种制造的山羊传染性胸膜肺炎氢氧化铝苗、鸡胚化弱毒苗和绵羊肺炎支原体灭活苗，可根据当地病原体的分离结果，合理选择使用。

(2)疫情处置。发病羊群应进行封锁，及时对全群进行逐头检查，对病羊、可疑病羊和假定健康羊分群隔离和治疗；对被污染的羊舍、场地、饲管用具和病羊的尸体、粪便等进行彻底消毒或无害化处理。

(3)治疗。使用新砷凡纳明"914"治疗、预防本病有效。5个月龄以下羔羊使用新砷凡纳明"914"0.1～0.15克，5个月龄以上羊0.2～0.25克，用灭菌生理盐水或5%葡萄糖盐水稀释为5%溶液，一次静脉注射，必要时隔4～9天再注射1次。可试用磺胺嘧啶钠注射液，皮下注射，每天1次。病的初期可使用氟苯尼考按每千克体重20～30毫克肌肉注射，每天2次，连用3～5天；酒石酸泰乐菌素每天每千克体重6～12毫克肌肉注射，每天2次，3～5天为1个疗程。也可使用强力霉素治疗，效果明显。

四、羊血吸虫病防治技术

(一)概述

羊血吸虫病是日本血吸虫寄生在羊门静脉、肠系膜静脉和盆腔静脉内，引起羊贫血、消瘦与营养障碍的一种寄生虫病。日本血吸虫病是互源性人兽共患的寄生虫病，流行因素错综复杂，包括自然、地理、生物和社会因素。宿主除人外，自然感染日本血吸虫病的动物有牛、山羊、绵羊、马、驴、骡、猪、犬、猫和野生动物，近40多种，几乎各种陆生动物均可感染，而且人与动物之间可以互相传播。

（二）技术特点

1. 病原特征

病原为日本血吸虫。日本血吸虫为雌雄异体（见图6-4），雄虫呈乳白色，短粗，虫体长10～22毫米，宽0.5～0.55毫米，向腹面弯曲，呈镰刀状。体壁从腹吸盘到尾由两侧面向腹面卷曲，形成抱雌沟，雌雄虫体常呈抱合状态。雌虫细长，长12～26毫米，宽0.1～0.3毫米。子宫内含有50～300个虫卵，虫卵呈短卵圆形，淡黄色，无卵盖。

图6-4 日本血吸虫

日本血吸虫多寄生于肠系膜静脉，有的也见于门静脉。雄雌虫交配后，雌虫产出的虫卵堆积于肠壁微血管，借助堆积的压力和卵内毛蚴分泌的溶组织酶，使虫卵穿过肠壁进入肠腔，随粪便排出体外。

虫卵落入水中，在25～30℃温度下很快孵出毛蚴。毛蚴从卵内出来后在水中自由游动，当遇到中间寄主椎实螺，经6～8周，发育成胞蚴、子胞蚴，形成尾蚴。尾蚴离开螺体在水中游动，遇到终末宿主后，借助于穿刺腺分泌的溶组织酶，从皮肤进入皮下组织的小静脉内，随血液循环在门静脉发育为成虫，然后移居到肠系膜静脉(见图6-5)。

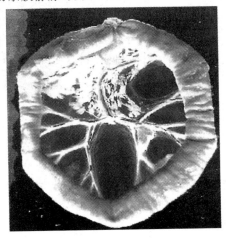

图6-5 日本血吸虫病小肠及肠系膜病变

2. 临床症状

病羊多表现慢性发病，只有突然感染大量尾蚴时，才表现急性发病。急性型病畜表现为体温升高，呈不规则的间歇势。精神沉郁，倦怠无力，食欲减退，呼吸困难，腹泻，粪中混有黏液、血液和脱落的黏膜。腹泻加剧者，出现水样便，排粪失禁。常大批死亡。慢性型病畜表现为间歇性下痢，有时粪中带血。可视黏膜苍白，精神不佳，食欲下降，日渐消瘦，颌下及腹下水肿。幼畜发育不良，孕畜易流产。

3. 病理变化

病畜尸体消瘦，贫血，腹水增加。病初肝脏肿大，后期萎缩硬化，肝表面和切面有粟粒至高粱粒大、灰白色或灰黄色结节。严重时肠壁、肠系膜、心脏等器官可见到结节。大肠，尤其是直肠壁有小坏死灶、小溃疡及瘢痕。在肠系膜血管、肠壁血管及门静脉中可发现虫体。

4. 检测技术

(1)病原学检查。直接虫卵检查法：于载玻片滴上生理盐水，用竹签挑取粪便少许，直接涂片，置显微镜下检查虫卵。或取新鲜粪便 20 克，加清水调成浆，用 40～60 目铜筛网过滤，滤液收集在 500 毫升烧杯中，静置 30 分钟，倾去上清液，加清水混匀，静置 20 分钟，倾去上清液，反复几次，沉碴涂片检查虫卵。

孵化法：取新鲜粪便 30 克，加清水调成浆，用 40～60 目铜筛网过滤，滤液收集在 500 毫升烧杯中，静置 30 分钟，倾去上清液，加清水混匀，静置 20 分钟，倾去上清液，反复几次，将沉碴置于 250 毫升三角烧杯中，加清水至瓶口，置于 25～30℃下孵化，每隔 3 小时、6 小时、12 小时观察一次，检查有无毛蚴出现。

(2)变态反应检查。皮内注射成虫抗原 0.03 毫升，15 分钟后，检查有无出现丘疹，丘疹直径 8 毫米以上者为阳性。

(3)血清学检查。环卵沉淀法：取载玻片一个，加受检者血清 2 滴，再加虫卵悬液 1 滴(虫卵 100 个左右)，加盖玻片，周围用石蜡密封，置 37℃孵育 48 小时。在高倍显微镜下检查，卵周围出现泡状、指状或带状沉淀物，并有明显折光且边缘整齐，即为阳性反应卵。阳性反应卵占全片虫卵的 2% 以上时，即判为阳性。此外还有间接血凝、酶联免疫吸附试验、免疫电泳试验等方法。

5. 防治措施

根据该病原特点、发育过程及流行特点采用下述措施。

(1)治疗病畜。驱血吸虫药物有以下几种：

硝硫氰胺剂量按每千克体重 4 毫克，配成 2%～3% 水悬液，颈静脉注射。

吡喹酮剂量按每千克体重 30～50 毫克，1 次口服。

六氯对二甲苯剂量按每千克体重 200～300 毫克，灌服。

(2)杀灭中间宿主。结合水土改造工程，排除沼泽地和低洼牧场的水，利用阳光暴晒，杀死螺蛳。也可用五万分之一的硫酸铜溶液或百万分之二点五的血防-67 对椎实螺进行浸杀或喷杀。

(3)安全用水。选择无螺水源，实行专塘用水，以杜绝尾蚴的感染。

(4)预防驱虫。在 4 月、5 月和 10 月、11 月定期驱虫，病羊要淘汰。

(5)无害化处理粪便。疫区内粪便进行堆肥发酵和制造沼气，既可增加肥效，又可杀灭虫卵。

(6)人畜同步查治。对人和家畜按时检查，及时治疗。

模块七　鸡的生产技术

第一节　蛋鸡的养殖技术

一、蛋鸡的主要品种

(一)白壳蛋鸡主要品种

1. 京白鸡

京白鸡是北京市种禽公司在引进国外鸡种的基础上选育成的优良蛋用型鸡。它具有体型小、耗料少、产蛋多、适应性强、遗传稳定等特点。目前，京白鸡的配套系是北京白鸡938。京白鸡是根据羽速鉴别雌雄。其主要生产性能指标是：0～20周龄成活率94％～98％，21～72周龄成活率90％～93％。72周龄日产蛋数300枚，平均蛋重59.42克，料蛋比(2.23～2.32):1。

2. 海兰(白)

海兰白鸡是美国海兰国际公司培育的。现有2个白壳蛋鸡配套系：海兰W-36和海兰W-77。其特点是体型小、性情温顺、耗料少、抗病力强、产蛋多、脱肛及啄羽的发病率低。海兰W-36白壳蛋鸡的主要生产性能指标是，育成期成活率97％～98％，0～18周耗料量5.66千克；达50％产蛋率日龄155天，高峰产蛋率93％～94％，80周龄日产蛋数330～339枚，产蛋期成活率96％，料蛋比1.99:1。

(二)褐壳蛋鸡主要品种

1. 依莎褐蛋鸡

依莎褐蛋鸡是法国依莎褐公司培育出的四系配套杂交鸡，

是目前国际上优秀的高产蛋鸡之一。其遗传潜力为年产蛋 300 枚,该公司保证其年产蛋水平 260~270 枚。生产性能指标是:0~20 周龄成活率为 98%,21~74 周龄成活率为 93%,76 周龄入舍母鸡产蛋数 292 枚。达 50% 产蛋率平均日龄 168 天,产蛋高峰周龄 27 周龄,高峰期产蛋率 92%,74 周龄产蛋率为 66.5%。

2. 海兰褐蛋鸡

海兰褐蛋鸡是美国海兰国际公司培育的高产蛋鸡。其特点是产蛋多、死亡率低、饲料报酬高、适应性强。主要生产性能指标为:育成期成活率 96%~98%,产蛋期成活率 95%,达 50% 产蛋率的日龄 151 天,高峰期产蛋率 93%~96%。72 周龄入舍鸡产蛋数 298 枚,产蛋量 19.4 千克,80 周龄入舍鸡产蛋数 355 枚,产蛋量 21.9 千克,料蛋比(2.2~2.5):1。

3. 罗曼褐壳蛋鸡

罗曼褐壳蛋鸡是德国罗曼集团公司培育的高产蛋鸡品种,其特点是产蛋多、蛋重大、饲料转化率高。主要生产性能指标是,达 50% 产蛋率的日龄 145~150 天;高峰期产蛋率 92%~94%;产蛋 12 个月产蛋数 295~305 枚,平均蛋重 63.5~65.6 克,料蛋比(2.0~2.1):1。

(三)粉壳蛋鸡主要品种

1. 海兰粉壳鸡

海兰粉壳鸡是美国海兰公司培育出的高产粉壳鸡,我国近年才引进,主要饲养在北京等地。其生产性能指标是:0~18 周龄成活率为 98%;达 50% 产蛋率平均日龄 155 天;高峰期产蛋率 94%;20~74 周龄饲养年产蛋数 290 枚,成活率达 93%;72 周龄产蛋量 18.4 千克;料蛋比 2.3:1。

2. 亚康蛋鸡

亚康蛋鸡是以色列 PBU 公司培育的,生产性能指标是:育成期成活率 95％～97％；产蛋期成活率 94％～96％；达 50％产蛋率日龄 152～161 天；80 周龄产蛋数 330～337 枚，平均蛋重62～64 克。

3. 京白 939 粉壳蛋鸡

京白 939 粉壳蛋鸡是北京种禽公司新近培育的粉壳蛋鸡高产配套系。它具有产蛋多、耗料少、体型小、抗逆性强等特点。商品代能通过羽速鉴别雌雄。主要生产性能指标是：0～20 周龄成活率为 95％～98％；20 周龄体重 1.45～1.46 千克；达 50％产蛋率日龄 155～160 天；进入产蛋高峰期 24～25 周；高峰期最高产蛋率 96.5％；72 周龄入舍鸡产蛋数 270～280 枚，成活率达93％；72 周龄入舍鸡产蛋量 16.74～17.36 千克；21～72 周龄成活率 92％～94％；21～72 周龄平均料蛋比(2.30～2.35)∶1。

二、蛋鸡的饲养管理

（一）育雏期饲养管理

雏鸡在 0～6 周龄这段时间为育雏期。其饲养管理总的要求是根据雏鸡生理特点和生活习性，采用科学的饲养管理措施，创造良好的环境，以满足鸡的生理要求，严格预防各种疾病发生，提高成活率。

1. 雏鸡的生理特点

(1)体温调节机能差。雏鸡绒毛稀短、皮薄、皮下脂肪少，保温能力差。其体温调节机能在 2 周龄后才逐渐趋于完善，维持适宜的育雏温度，对雏鸡的健康和正常发育是至关重要的。

(2)生长发育迅速，代谢旺盛。雏鸡 1 周龄体重约为出生重的 2 倍；6 周龄时约为 15 倍。其前期生长发育迅速，在营养上要充分满足其需要。由于生长迅速，雏鸡的代谢很旺盛，单位体重耗氧量是成鸡的 3 倍。在管理上必须满足雏鸡对新鲜空气的需要。

(3)消化器官容积小、消化能力弱。雏鸡消化器官还处于发育阶段，进食量有限，消化酶分泌能力不太健全，消化能力差。

所以，配制雏鸡料时，必须选用质量好、易消化、营养水平高的全价饲料。

(4)抗病力差。幼雏由于对外界的适应力差，对各种疾病的抵抗力也弱，在饲养管理上稍有疏忽，即有可能患病。在 30 日龄之内雏鸡的免疫机能还未发育完善，虽经多次免疫，自身产生的抗体还难以抵抗强的病原微生物侵袭。因此，必须为其创造一个安全的环境。

(5)敏感性强。雏鸡不仅对环境变化很敏感，而且由于生长迅速，对一些营养素的缺乏和一些药物以及霉菌等有毒有害物质的反映也很敏感。所以，应注意环境控制和饲料的选择以及用药的慎重。

(6)群居性强、胆小。雏鸡胆小，缺乏自卫能力，喜欢群居。比较神经质，对外界的异常刺激非常敏感，易引起混乱炸群，影响雏鸡正常的生长发育和抗病能力。所以需要保持环境安静以及避免新奇的颜色，防止鼠、雀、兽等动物进入鸡舍。同时，注意饲养密度的适宜性。

(7)初期易脱水。刚出壳的雏鸡体内含水率在 75% 以上，如果在干燥的环境中存放时间过长，则很容易在呼吸过程中失去很多水分，造成脱水。育雏初期干燥的环境也会使雏鸡因呼吸失水过多而增加饮水量，影响其消化机能。所以，在出生之后的存放、运输及育雏初期应注意湿度的问题，就可以提高育雏成活率。

2. 管理要点

(1)密度：1～3 周龄 20～30 只/平方米，4～6 周龄 10～15 只/平方米；笼养为 1～3 周龄 50～60 只/平方米，4～6 周龄 20～30 只/平方米，注意强弱分群饲养。

(2)温度：温度对于育雏开始的 1～3 周极为重要。刚出壳的小鸡要求 35℃，此后每 5 天降低 1℃，在 35～42 日龄时，达到 20～22℃。

注意观察，如发现鸡倦怠、气喘、虚脱表示温度过高；如果幼鸡挤作一团，吱吱鸣叫表示温度过低。

(3)湿度：湿度过高，影响水分代谢，不利于羽毛生长，易繁殖病菌和原虫等，尤其是球虫病。湿度过低，不仅雏鸡易患感冒，而且由于水分散发量大，影响卵黄吸收，同时引起尘埃飞扬，易诱发呼吸道疾病，严重时会导致小鸡因脱水而死亡。适宜的相对湿度为 10 日龄前 60%～70%；10 日龄后 55%～60%。湿度控制的原则是前期不能过低，后期应避免过高。

(4)饮水：饮水也是育雏的一项关键环节，雏鸡出壳后，应尽早供给饮水。雏鸡首次饮水时宜饮温水，水中可加入 5% 的糖及适量的维生素和电解质，能有效地提高雏鸡的成活率。雏鸡给水水温与环境温度温差不应过大。

(5)饲喂：雏鸡在进入育雏舍后先饮水，隔 3～4 小时就可以开食。选用易消化的雏鸡开食料，饲喂次数在第一周龄每天 6 次，以后每周可减少 1 次，直到每天 3 次为止。

(6)通风：可调节温度、湿度、空气流速、排除有害气体，保持空气新鲜，减少空气中尘埃，降低鸡的体表温度等。通风与保温是矛盾的，应注意观察鸡群，以鸡群的表现及舍内温度的高低，来决定通风的次数与时间长短。

(7)光照：原则上第 1 周光照强，2 周以后避免强光照，照度以鸡能看到采食为宜。光照时间，开始第 1 周每天 22～24 小时，第 2～8 周龄 10～12 小时，第 9～18 周龄 8～9 小时。

(8)分群：适时疏散分群，是雏鸡健康生长，减少发病，提高成活率的一项重要措施。分群时间应根据密度、舍温等情况而定。一般是在 4 周龄时进行第一次分群，第二次应在 8 周龄时进行。具体是将原饲养面积扩大 1 倍，根据鸡只强弱、大小分群。

(9)断喙与修喙：7～11 日龄是第一次断喙的最佳时间；在 8～10 周内进行修喙。在断喙前一天和后一天饮水(或饲料)中可加入维生素 K_3，每千克水(或料)中约加入 5 毫克。

(10)抗体监测与疫苗免疫：应根据制订的免疫程序进行。

有条件的鸡场应该在免疫以后的适当时间进行抗体监测，以掌握疫苗的免疫效果，如免疫效果不理想，应采取补救措施。

（二）育成期饲养管理（7～20 周龄）

7 周龄到产蛋前的鸡称为育成鸡。育成期总目标是要培育出具备高产能力，有维持长久高产体力的青年母鸡群。

1. 育成鸡培育目标

体重符合标准、均匀度好（85％以上）；骨骼发育良好、骨骼繁育应和体重增长相一致；具有较强的抗病能力，在产前确实做好各种免疫，保证鸡群安全度过产蛋期。

2. 雏鸡向育成鸡的过渡

(1)逐步脱温，雏鸡在转入育成舍后应视天气情况给温，保证其温度应在 15～22℃。

(2)逐渐换料，换料过渡期用 5 天左右时间，在育雏料中按比例每天增加 15％～20％育成料，直到全部换成育成料。

(3)调整饲养密度，平养 10～15/平方米，笼养 25 只/平方米。

3. 生长控制

育成期的饲养关键是培育符合标准体重的鸡群，以使其骨架充实，发育良好。因此从 8 周龄开始，每周随机抽取 10％的鸡只进行称重，用平均体重与标准体重相比较。如果体重低于标准，就应增加采食量和提高饲料中的能量与蛋白质的水平；如体重超过标准，可减少饲料喂量。同时，应根据体重大小进行分群饲喂，保证其均匀度。

4. 光照

总的原则是育成期宜减不宜增、宜短不宜长。以免开产期过早，影响蛋重和产蛋全期的产蛋量。封闭式鸡舍每日光照最好控制在 8 小时，到 20 周龄之前，每周递增 1 小时，一直到每日光照 15～17 小时为止。开放式鸡舍，在育成期不必补充光照。

（三）产蛋期饲养管理（20 周龄至淘汰）

育成鸡培育到 18 周龄以后，就要逐步转入产蛋期饲养管理，进入 20 周龄以后，就要完全按照产蛋期管理。

产蛋期管理的基本要求是，合理的生活环境（光照、温度、相对湿度、空气成分）；合理的饲料营养；精心的饲养管理；严格的疫病防治。使鸡群保持良好的健康状况，充分发挥优良品种的各种性能，为此必须做到科学饲养、精心管理。

1. 提供良好的产蛋环境

开产是小母鸡一生中重大转折，产第一枚蛋对其是一种强刺激，应激相对较大。产蛋前期，生殖系统迅速发育成熟、体重仍在不断增长，因产蛋率迅速上升导致的生理应激反应非常大，由于应激效应致使蛋鸡适应环境能力和抵抗疾病能力下降，所以，应尽可能减少外界干扰、减轻应激。

2. 满足鸡的营养需要

从 18 周龄开始，应给予高水平的产前料。在开产直到 50％产蛋率时，粗蛋白应保证在 15％；以后要根据不同产蛋率，选择使用蛋鸡料，保证其产蛋所需。

产蛋高峰期如果在夏季，应配制高能、高氨基酸营养水平的饲料，同时应加入抗热应激的药物。

蛋鸡每天喂量 3～4 次，加量均匀。同时要保证不间断供给清洁饮水。

3. 光照管理

产蛋鸡的光照应采用渐增法与恒定光照相结合的原则，光照强度为 3～4 瓦/平方米，光照时间从 20 周龄开始，每周递增 1 小时，直至每天 17 小时。光照时间与强度不得随意变更。

4. 做好温度、湿度和通风管理。

产蛋鸡的适宜温度为 13～23℃，湿度为 55％～65％，通风应根据生产实际，尽可能保证空气新鲜和流通。

5. 经常观察鸡群并做好生产记录

健康与采食、产蛋量、存活、死亡和淘汰、饲料消耗量等都应该详细记录。在产蛋期，应该注意经常观察鸡群，发现病鸡时应迅速进行诊断治疗。

第二节　肉鸡的养殖技术

一、肉鸡的生产特点与品种

（一）肉鸡的生产特点

1. 肉仔鸡的生活习性

（1）生长发育快。肉仔鸡增重极快，要喂给营养充足、容易消化的饲料才能满足生长发育的营养需要。据测定，肉仔鸡的相对增重率第 2 周为 58.33%，第 3 周为 46.7%，7、8 周为 16%～19%。目前，规模养殖场户已做到 6 周龄出栏，出栏体重 2.5 千克左右，料肉比 2:1。由于肉仔鸡生长强度大，而消化道短，饲料通过较快（2～3 小时），因此对粗纤维的吸收利用率极低，对饲粮的全价性和易消化性要求高。

（2）抗寒力差，要求环境温度条件较高。肉鸡的体温一般在 40.8～41.5℃ 之间，所以它必须在冬暖夏凉、通风良好的环境中饲养。初出壳的雏鸡，体温比成年鸡要低 3℃，经过 10 天以后才能达到正常体温，加上雏鸡绒毛短而稀，不能御寒，所以雏鸡对环境的适应能力不强，必须依靠人工保温，雏鸡才能正常生长发育。30 天以上的小鸡羽毛基本上长满长齐，可以不用保温。

（3）抗病力弱。肉仔鸡特别是雏鸡阶段，很容易受到有害微生物的侵袭，因此，除做好环境的清洁卫生外，还要做好预防保健工作。如鸡舍严禁外人进出，环境和笼具要定期消毒，各个品种的肉鸡都要定期注射各种疫苗，应用一定的防病、保健药物。

(4)容易惊群。肉鸡胆小，特别是雏鸡阶段很容易惊群，轻者拥挤，生长发育受阻；重者相互践踏引起伤残和死亡。因此，要选择和保持肉鸡养殖环境的安静。粗暴的管理，突来的噪音，狗、猫闯入，——追逐捕捉等都可能引起鸡群骚乱，影响到肉鸡的生长。

(5)怕潮湿。肉仔鸡宜在干爽通风的环境中生长，如果饲养环境潮湿、污浊，一些病原菌和霉菌就容易生长繁殖，构成对肉鸡健康的威胁。另外鸡舍内阴暗潮湿，散落的鸡粪会生物发酵，产生有毒、有害气体，使鸡容易得呼吸道疾病。

(6)肉仔鸡育肥后期体重较大、运动减少，易患胸囊肿、腹水症及猝死综合征，应注意加强饲养管理。

2. 肉鸡生产的特点和优势

(1)生长速度快，饲料报酬高。

(2)饲养周期短，资金周转快。

(3)饲养密度大，劳动生产率高。

(4)设备利用率高，适宜于集约化均衡生产。

(5)肉质鲜美细嫩，营养丰富，深受消费者欢迎。

(二)肉鸡品种与鸡苗选择

1. 肉鸡品种

(1)国内优良肉鸡品种：①三黄胡须鸡，产于广东东江流域的惠阳等地。②北京油鸡，产于北京市郊区，以肉质细嫩、鸡味香浓等特点著称。③河田鸡，原产于福建省西南地区。④固始鸡，原产于河南固始地区。⑤清远麻鸡，产于广东清远市一带。⑥桃源鸡，产于湖南省桃源县，耐粗饲、肉质好、黄羽或黄麻羽。

(2)引进品种。际上看，现代生产商品肉鸡普遍应用以现代育种理论和方法培育成的品系配套杂交鸡。一般为品系配套，父系与母系分别为不同的两个品种，父系父本、父系母本以及母系父本、母系母本又分别为不同品系。父系多为生长速度快、胸肉、腿肉发育好的品种，比如考尼斯鸡；母系多为产蛋量较高，而且肉用性能也好的品种，如白洛克鸡。经过双杂交育出的商品代肉鸡，生长快、饲料转化率高，7周龄体重可达2.0千克，每千克体重耗料在1.8～2.0千克。

目前，世界上有几十家家禽育种公司，其中美国占绝大多数。由于外贸出口需要，我国从20世纪60年代中期开始引入父母代，对外开放以后，引入数量不断增加，不仅有父母代，还引进了祖代和曾祖代鸡，推动了我国的肉鸡业发展。就目前实际饲养效果看，艾维茵、爱拔益加（AA）、罗曼、星布罗等几个品种的肉鸡，在我国大部分地区表现较好生产性能，而且饲养规模日益扩大。

①艾维茵，是美国艾维茵国际家禽有限公司培育的白羽鸡，肉料比为1:1.91。②爱拔益加，原产地美国，一般简称为"AA"肉鸡，肉料比为1:2.18。③罗曼鸡，原产于德国，是罗曼公司培育的，肉料比为1:2.05。④星布罗，原产于加拿大，是加拿大雪佛公司培育的，肉料比为1:2.16。⑤哈巴德，原产于美国，是美国哈巴德公司育成的白羽配套系，肉料比为1:2.25。⑥狄高，狄高肉鸡是世界著名的肉鸡品种，为澳大利亚狄高公司培育的黄羽配套肉鸡，肉料比为1:2.25。

2. 鸡苗选择要点

"好场养好鸡，好鸡产好蛋，好蛋出好苗"。鸡苗品质好，雏鸡易饲养、经济效益高。因此，种鸡企业管理水平的高低、种蛋品质的好坏，直接影响商品肉鸡的生产水平。种鸡、种蛋的孵化有严格的质量保障，才能生产出品质优良的鸡苗。

作为肉鸡饲养者，首先要选择那些具有现代化的企业制度、科学的经营决策、先进的工艺设备、规范的饲养管理、全面的质量控制、完善的技术服务等运营机制的种鸡生产企业生产的雏鸡，这是肉鸡饲养成功的先决条件。

选择雏鸡的原则：

（1）雏鸡应来源于健康的白痢、支原体阴性的种鸡群。

（2）雏鸡应孵自不得小于 50 克的种蛋。

（3）雏鸡大小和颜色均匀。

（4）雏鸡全身状况清洁、干燥，绒毛蓬松，带有光泽。

（5）眼睛圆而明亮，行动机敏，健康活泼。

（6）脐部愈合良好，无感染和脐炎。

（7）肛门周围羽毛不粘贴成糊状。

（8）脚的皮肤要光亮如蜡，不能呈干燥、脆弱状。

（9）不能有明显的瘸腿、歪头、瞎眼、交叉喙等缺陷。

具备上述条件的雏鸡，在孵化场经严格挑选后分级装入专用雏鸡箱，由专人运送到达鸡舍。

二、肉用仔鸡的饲养管理

（一）饲养方式

肉用仔鸡的饲养方式主要有 4 种：

1. 厚垫料饲养

利用垫料饲养肉用仔鸡是目前国内外普遍采用的一种方式。其优点是投资少，简单易行，管理也比较方便，胸囊肿和外伤发病率低；缺点是需要大量垫料，常因垫料质量差，更换不及时，肉鸡与粪便直接接触易诱发呼吸道、消化道疾病和球虫病等。垫料以稻壳、刨屑、枯松针为好，其次还可用铡短的稻草、麦秸，压扁的花生壳、玉米芯等。垫料应清洁、松软、吸湿性强、不发霉、不结块，注意要经常翻动，保持疏松、干燥、平整。

垫料饲养可分厚垫料和薄垫料饲养。其中厚垫料饲养应用相对多一点，其方法是：进雏前在地面铺上 10 厘米厚的垫料，随着雏鸡逐渐长大，垫料越来越脏污，所以应经常翻动垫料或在旧垫料上定期添加一层新垫料，并注意清除饮水器下部的湿垫料。这样待鸡出栏后将垫料和粪便一次清除。

2. 网上平养

这种方式多以三角铁、钢筋或水泥梁制作支架，其水平面离地 50～60 厘米高，上面铺一层铁丝网片，也可用竹排代替铁丝网片。为了减少腿病和胸囊肿病的发生，可在平网上铺一层弹性塑料网。这种饲养方式不用垫料，有效降低了劳动强度，可提高饲养密度 25%～30%；而且由于粪便从网洞直接漏下，避免了肉鸡与粪便直接接触，有效减少了雏鸡球虫病的发生。缺点是一次性投资大，饲养大型品种肉用仔鸡，育肥后期胸囊肿病的发病率较高。

3. 笼养

目前，欧洲、美国、日本等发达国家的肉鸡养殖场，多是利用全塑料鸡笼并采用笼养工艺，近年来，国内肉用仔鸡笼养也呈现加快发展的态势。肉鸡笼养可提高饲养密度 2～3 倍，劳动效率高，节省取暖、照明费用，不用垫料，减少了球虫病的发生，缺点是一次性投资大，对电的依赖性大。

4. 笼（网）养与平养相结合

不少地区的肉鸡饲养者，在育雏取暖阶段采用笼（网）养，转群后改为地面厚垫料饲养。这种方式由于前期在笼（网）养阶段体重小，胸骨囊肿发生率也低，细菌病、球虫病大为减少，提高了成活率和劳动生产率。

在对以上肉鸡饲养方式有充分了解之后，饲养者可根据当地条件和自身经济状况，选择最适当的肉鸡饲养方式。

（二）肉仔鸡的营养需要

满足营养需要是充分发挥肉用仔鸡快速生长特点的首要条件。优良品种具有快速生长的遗传潜力，但如果不能满足营养需要，遗传潜力根本发挥不出来。随着营养学的发展，肉鸡日粮配合日趋完善，其生产效益也大为提高。

1. 肉用仔鸡营养要求特点

(1)要求各种养分齐全充足。任何微量成分的缺乏或不足都会出现病理状态。在这方面，肉用仔鸡比蛋用雏鸡更为敏感，反应更为迅速。

（2）要求高能量、高蛋白，以充分发挥最大的遗传潜力，获得最好的增重效果。

（3）要求各种养分的比例平衡适当，从而提高饲料利用率，降低饲料成本。

2. 肉用仔鸡的营养需要量

按照肉用仔鸡生长规律和生长需要，为使肉鸡生长的遗传潜力得到充分发挥，应保证供给肉鸡高能量、高蛋白，维生素和微量元素营养成分丰富而且平衡的全价配合饲料。在前期应重点满足肉用仔鸡对蛋白质的需要。如果饲料中蛋白质的含量低，不能满足早期快速生长的需要，生长发育就会受阻，其结果是单位体重耗料增多；在后期要求肉用仔鸡在短期内快速增重，并适当沉积脂肪以改善肉质。所以后期对能量要求突出，如果日粮不与之相应适，就会导致蛋白质的过量摄取，从而造成浪费，甚至会出现代谢障碍等不良后果。肉鸡从前期料改变为后期料的时间适度提前可以降低饲养成本，但不应影响肉鸡生长发育。在生产中，要避免单纯以低价原则确定饲料的做法，因为不同差价的饲料，反映在饲养效果上也不一样，可能的结果是：便宜的饲料反不如成本稍高的饲料盈利多。快大型的肉用仔鸡，饲料中能量水平在 12.97～14.23 兆焦/千克范围内，增重和饲料效率最好；而蛋白质含量以前期 22%、后期 20% 的水平生长最佳。根据我国当前的实际情况，肉用仔鸡饲料的能量水平以不低于 12.13～12.55 兆焦/千克、蛋白质含量前期不低于 21%、后期不低于 18% 为宜。

肉用仔鸡的饲养可分为两段制和三段制。两段制是 0～4 周龄喂前期饲料，属育雏期；4 周龄以后则喂后期饲料，属肥育期。我国肉用仔鸡的饲养标准属两段制，现已得到广泛应用。当前肉鸡生产发展，总的趋势是饲养周龄缩短、提早出栏，并推行三段制饲养。三段制是 0～3 周龄属育雏期，喂前期料；

4～5 周龄属中期，喂肥育前期料；6 周龄后饲喂肥育后期料，一般为 6 周(42 天)出栏。目前，饲养管理好的养鸡场已成功做到 5 周达到出栏体重，提前 1 周出栏。三段式更符合肉用仔鸡的生长特点，饲养效果较好。

(三)实行自由采食

从第 1 日龄开始喂料起一直到出售，对肉用仔鸡应采用充分饲养，任其自由采食，能吃多少饲料就投喂多少饲料，而且想方设法让其多吃料。如增加投料次数，炎热季节加强夜间喂料等。通常肉用仔鸡吃的饲料越多、长得越快，饲料利用率越高，因此应尽可能诱使肉鸡多吃料。

(四)料型

喂养肉用仔鸡比较理想的料型是前期使用破碎料，中、后期使用颗粒料。采用破碎料和颗粒饲料可提高饲料的消化率、增重速度快，减少疾病和饲料浪费，延长脂溶性维生素的氧化时间。在采用粉料喂肉用仔鸡时，一般都是喂配制的干粉料，采取不断给食的方法，少给勤添。为提高饲料的适口性，使鸡易于采食、促进食欲，在育雏的前 7～10 天可喂湿拌料，然后逐渐过渡到干粉料，这对提高育雏期的成活率，促进肉用仔鸡的早期生长速度比较有利。应注意防止湿拌料冻结或腐败变质，当饲料从一种料型换到另一种料型时，注意逐渐转变的原则，完成这种过渡有两种方法：一是在原来的饲料中混入新的饲料，混入新饲料的比例逐渐增加；二是将一些新的喂料器盛入新的饲料放入舍内，这些喂料器的数量逐日增加，盛原来饲料的喂料器则逐步减少。无论采用哪种过渡法，一般要求至少要有 3～5 天的过渡时间。

(五)喂料次数和采食位置

一般采用定量分次投料的方法，喂饲次数可按第一周龄每天 6 次，第二周龄每天 5 次，第三周龄起每天 4 次，第 4 周龄 3 次，一直到出售。增加喂料次数可刺激鸡的食欲，减少饲料的浪费，但也不宜投料次数过多。否则，不仅影响鸡的休息，而且对于饲料的消化吸收和鸡的生长也不利。另外，由于多次喂料，每天每次喂料量就较少，容易出现强弱分离，鸡群均匀度降低，反而影响全群增重。喂养肉用仔鸡应有足够的喂料器，可按第一周龄每 100 只鸡使用一个雏鸡运输箱喂料。1 周龄后每只鸡应有 5 厘米以上的采食位置用料桶喂料器（20～30 只鸡一个），应注意料桶的边缘与鸡背等高（一般每周调整一次），以防饲料被污染或造成饲料浪费。

（六）饮水

饲养肉用仔鸡应充分供水，水质良好，保持新鲜、清洁，最初 5～7 天饮温开水，水温与室温保持一致，以后改为饮凉水。通常每采食 1 千克饲料需饮水 2～3 千克，气温越高，饮水量越多。

一般每 1000 只成年肉鸡需要 30 个 6 千克的饮水器或 10 个普拉松自动饮水器。不论使用何种饮水器，每只鸡至少应有 2.5 厘米的直线饮水位置，饮水器边缘的高度应经常调整到与鸡背高度一致，饮水器下面的湿垫料要经常更换。每天早、晚应注意消毒和清洗饮水器，并及时更换上新鲜的水，保持饮水器中不断水，而且将饮水器均匀地摆布在喂料器附近，使鸡只很容易找到水喝。

（七）肉用仔鸡的管理

1. 温度

肉用仔鸡有 1/3 左右的时间需要供暖，因此控制适宜的温度就显得特别重要，它对于提高成活率和生长速度及饲料利用效率关系极大。与蛋鸡比较，肉鸡对温度的要求有两个显著特点：一是肉鸡要求有适当的温差。特别是前期。因为适当的低温可以刺激食欲，提高采食量，从而促进生长。二是脱温后舍内温度要求较为严格，以保持在 20℃左右为最好。因为温度在 20℃以下，温度越低维持需要的能量消耗越大，饲料效率越低。

温度在 21℃以上，温度越高采食量越少饮水量越多，增重速度降低。

通常情况下，鸡群本身的表现就可判断温度是否适宜。鸡只分散均匀、食欲旺盛，为温度合适。鸡只分群挤堆、靠近热源，为温度过低。鸡只张开翅膀喘气、远离热源、大量饮水，为温度过高。饲养者应经常观察鸡群的这种动态，注意随时调节控制好适宜的温度，才能获得良好的饲养效果。

养育肉用仔鸡的温度通常可参考育雏的温度，但要注意掌握温度不可偏高，特别是后期更是如此。肉用仔鸡生长快，饲养密度大，后期皮下已积存一定量脂肪，所以前两周温度稍高影响不大，从第 3 周起应注意降温，否则会影响生长速度，增加死亡率和降低屠体等级。供温标准可掌握在前 2 日 35～33℃，以后每天降低 0.5℃左右，从第 5 周龄开始维持在 21～23℃即可。根据鸡群和天气情况应注意"看鸡施温"，以鸡群感到舒适，采食、喝水、活动、睡眠等正常为最佳标准。切忌温度忽高忽低，寒冷季节不能使鸡受到贼风的侵袭，炎热天气应注意防暑降温。

2. 湿度

肉用仔鸡适宜的相对湿度范围是 55%～65%。最初 10 天可高一些，这对促进卵黄吸收和防止雏鸡脱水有利。以后相对湿度应小些，保持舍内干燥，以防垫料潮，引起球虫病等。

3. 通风

由于肉鸡饲养密度大，生长快，加强舍内环境通风、保持空气的新鲜是非常必要的。通风的目的是减少舍内有害气体，增加氧气，使鸡体处于健康的正常代谢之中。同时通风又能降低舍内湿度，保持垫料干燥，减少病原繁殖。鸡舍通气不良，舍内有害气体含量长时间过高，不仅影响肉鸡生长速度，还可能引起呼吸系统疾病。当氨气浓度长时间超过 20 ppm 时，鸡眼结膜受刺激，可能导致失明。空气缺氧会使肉仔鸡腹水症发生率大为提高。鸡群的生长速度和成活率都会大受影响。

经常注意通风换气，鸡舍内保持空气新鲜和适当流通，使鸡免受过多氨气、硫化氢、二氧化碳的危害，这是养好肉鸡的先决条件。足够的氧气可使鸡只维持正常的新陈代谢，保持健康。空气流通一方面可及时排除有害气体，同时能控制舍内湿度，使垫料保持良好的状态。人进入鸡舍内不应感到有强烈的刺激味，甚至眼睛流泪，也不应有憋气的感觉。为此，在注意温度的同时，根据天气的状况(特别是早春、晚秋和寒冷的冬季)应经常调节门窗、通气孔，帘布开启的大小，以使舍内保持空气新鲜，对于3周龄以后的鸡，尤其应注意加强通风换气。

4. 光照

光照的目的是延长肉仔鸡的采食时间促进生长速度，但光线不宜过强。一般第1周23小时的光照1小时的黑暗；从第2周龄起，白天利用自然光照，夜间每次喂料、饮水时可开灯照明0.5～1小时，然后黑暗2～4小时，采用照明和黑暗交错进行的方式。光照强度的原则是由强到弱。开始1～2周龄2.7～3.5瓦/平方米(灯高2米、灯距3米、带灯罩)，这可帮助小鸡熟悉环境，充分采食和饮水。从第3周龄起1.3～2.1瓦/平方米的光照强度即可。为保持整个舍内光照强度均匀，最好用功率小于60瓦的灯泡，均匀安装并加灯罩。应注意随时更换破损灯泡，每周将灯泡擦拭一次，以保持舍内适宜的亮度。

对不同光照制度的研究证明：每天给予1～2小时的光照与2～4小时的黑暗交替循环进行的光照方案比连续光照增重快、死亡率低、饲料报酬高。

5. 饲养密度

密度的完整概念应包含三方面的内容，一是每平方米面积养多少只鸡，二是每只鸡占有多少食槽位置，三是每只鸡饮水位置够不够。三方面缺一不可。

饲养密度是否恰当，对养好肉用仔鸡和充分利用鸡舍有很大关系。肉用仔鸡平面垫料饲养时，每单位面积饲养的只数决定于肉用仔鸡体重的大小。如果饲养密度太大，鸡的生长发育就会受到抑制，同时鸡只的个体间体重差异大，发育不良的个体增多，易出现啄癖，死亡率也增高。网上平养和笼养方式比地面垫料平养饲养密度可提高30％～100％。

冬季通风条件好，饲养密度可高一点；夏季通风设施差，饲养密度应适当低些。

6. 适当的肥育期限

肥育期限与经济效益密切相关，而经济效益受品种性能、生长速度、饲料品质及市场价格等多种因素的影响。一般地说，达到一定活重所需天数越短，饲料消耗越少，鸡舍的使用时间越短，鸡舍周转率就越快，而且承担风险也少。从肉鸡的绝对增重和饲料转化率来看，在6～8周龄出栏经济效益最高。目前，我国饲养的快大型肉鸡，无论是作为整鸡、带骨肉鸡用，还是作为分割净肉用，一般以56日龄左右出栏上市较为合算。国外肉用仔鸡的肥育期限从20世纪60年代的9周龄，到目前已缩短为6～7周龄出栏上市。

7. 肉鸡的绝食与送宰

肉用仔鸡达到要求体重时，要及时拉运到屠宰厂。送宰前断食8～10小时最合适，如果断食时间太长，不仅肉鸡失重太大，而且对胴体品质和等级均有一定影响。所以，出场前4～6小时应使鸡将饲料吃完，饮水可继续供应。送鸡装笼的时间，夏季应安排在清晨或夜晚，冬季在中午较合适。肉用仔鸡体重大、骨质相对脆嫩，在转群和出场过程中，抓鸡装运非常容易发生腿脚和翅膀断裂伤损的情况。由此产生的经济损失是非常可惜的。抓鸡前首先要制造一种让鸡群安定的环境，在尽量暗的灯光下进行。抓鸡前将鸡舍光线变暗或变成蓝光或红光，然后移走料桶、饮水器等所有器具，以避免鸡只受到机械性损伤。抓鸡要得法，对抓鸡人员要进行训练，抓鸡时不应提抓鸡翅膀，应抓胫部，避免骨折或出现"血印"。入笼、装车、卸车、运输、放鸡时动作要轻巧稳妥，不能粗暴操作，以防碰伤，造成不必要的经济损失。往笼子里放应注意轻放，防止甩扔动作。每笼不能装鸡过多，否则运输过程中还可能造成伤亡。

三、降低肉仔鸡死淘率的主要措施

（一）注重卫生防疫，防止意外事故

1. 注重卫生防疫

肉鸡饲养周期短、周转快、密度大，一旦发病，传播很快，难以控制，即使痊愈，也会对生长发育造成难以弥补的损失。因此，饲养管理过程中的防疫卫生和疾病预防显得格外重要。

在肉鸡的全程饲养管理过程中，始终要贯彻"以防为主，防治结合，防重于治"的方针，制订和落实一套完整的防疫卫生制度，执行严格的防疫灭病措施，以保证肉鸡的健康生长。这些措施主要如下。

1）消毒

彻底搞好鸡舍及鸡舍内用具设备的消毒，采用"全进全出"的饲养制度，这给全面消毒鸡舍提供了极好的机会。当每批肉鸡出场后，应将垫料及粪便全部清理出去，然后进行彻底冲洗，冲洗前应及时把地面和墙壁上结块的粪便铲除，因为消毒对于粪块里的病原是不起作用的。冲洗可以清除大量病原，为消毒打下良好的基础。有些饲养者寄希望于消毒而不重视冲洗是绝对不行的。冲洗以后再消毒，消毒以后再继续密闭，巩固消毒效果，并防止重新把病原带入。

冲洗过后再用清水冲净，地面可用2%～4%的烧碱溶液泼洒浸泡4～5小时，然后再用1%的二氯异氰脲酸钠溶液喷雾消毒鸡舍内外，并同时浸泡料桶、饮水器等饲养设备，最后连同垫料、用具等放入鸡舍内。当温度升至25～30℃时，每立方米鸡舍用40毫升甲醛和20克高锰酸钾熏蒸12～24小时，就基本可杀灭鸡舍内病原微生物。饲养期间饮水器每天清洗消毒1次，

鸡舍每周带鸡消毒 1～2 次。

2）疫苗接种

肉鸡饲养周期短，疫苗接种的种类和次数较蛋鸡和种鸡少，但应保证疫苗接种确实有效。肉鸡接种的疫苗有预防新城疫的Ⅳ系苗、传染性法氏囊苗、传染性支气管苗等，这些疫苗的接种方式多为滴鼻、点眼和饮水免疫。饮水免疫前先将饮水器清洗干净，停水时间为春夏 4～5 小时，秋冬 5～6 小时，并停止喂料。在水中加入 0.2％的脱脂奶粉或专用免疫增效剂，再加入疫苗，加水量为保证在 2 小时内饮完为宜。所用的疫苗应保证病毒含量足够，所用的饮水器要满足 60％以上的鸡能同时饮水，且接种时间一定要准确。这样才能保证疫苗免疫确实有效。

疫苗使用要视具体疫苗而定，如果是进口疫苗按照说明书剂量使用，如果是国产的注射倍量可增加一些。另外如果改为滴眼或饮水也要增加倍量，一般滴眼用 2 倍量，饮水用 3 倍量。

3）安全用药

除疫苗预防接种外，还应在某些疾病的高发期进行预防性投药。比如，在接鸡首日，饮水中加入电解多维，以防止运输应激。在 1 周龄内要喂防白痢、脐炎的药物，如沙星类抗菌药。2 周龄内要投服调节酸碱平衡和肠道菌群的药物，如百卫酸、整肠康等。3 周龄要投服防肠道疾病、慢性呼吸道病的药物，如强力霉素、泰乐菌素等。4～5 周要投服抗病毒药物和防应激药物，如双黄连、黄芪多糖等。5～6 周最好投服保肝护肾、健脾胃助消化药物，比如肝肾宝等。

为了确保出栏的肉鸡无药残，养殖场用药必须事先经过药残分析和抽样检测，确认无药残超标。推荐使用中草药、益生菌活菌制剂等，严禁使用国家规定的禁用药物。严格执行农业部 278 号公告规定的停药期规定，在送宰前 14 天起停止用青霉素、卡那霉素、氯霉素、链霉素、新霉素等半衰期较长的药物，宰前7～14 天可根据病情继续选取用氟哌酸、氧氟沙星、环丙沙星、大蒜素、泰乐菌素等。最后1 周停用一切药物，所用饲料也不得含任何药物。

2. 防止意外事故的发生

肉鸡饲养过程中有时可能会发生一些意外事故,如猫、狗、黄鼬、老鼠、鸟类等危害雏鸡的安全,以及由于用火、用电不当引起的火灾,大风、暴雨、降雪导致的鸡舍坍塌等自然灾害,同时还会发生人和鸡的煤气中毒等伤亡事故。这些都应引起肉鸡饲养者足够的重视,做到预防为先,防止意外事故造成不必要的损失。

(二)饲养管理方面的几项关键技术措施

1. 实行全进全出制

所谓全进全出制是指同一栋鸡舍内(全场更好)同一时间里投入同一日龄的雏鸡,养成后又在同一时间出售。现代肉用仔鸡生产几乎都采用全进全出的饲养制度。这种饲养制度简单易行、管理方便,可以实行统一的饲养标准、统一的技术和防疫措施。仔鸡出场后,有利于彻底清扫、消毒、切断病原的循环感染。全进全出的饲养制度比在同一栋鸡舍里几种不同日龄的鸡连续生产制增重快、耗料少、死亡率低。

2. 公、母分群饲养

根据公、母鸡不同的生理特点,实行分开饲养制度,可提高经济效益。随着自别雌雄商品鸡的培育和初生雏鸡雌雄鉴别技术的普及和提高,公、母分开饲养得到了普遍重视,表现出许多优点。理由如下:

一是由于公、母鸡生长速度不同。通常 2 周龄后公鸡生长的速度快于母鸡,4、6、8 周龄时公鸡的体重比母鸡分别高 13％、20％、27％。如果公、母鸡混养,体重大小不一,食槽、水槽高低要求不同,往往顾此失彼,特别是弱小的母鸡受影响更大。分开饲养可使公、母鸡的生产性能表现得更加理想。公、母鸡的遗传性能不同,母鸡 7 周龄后,生长速度相对下降,每千克增重的耗料量则急剧增加,所以 7 周龄左右出售饲料效率高、经济合算。公鸡快速增重的时间可到 9 周龄,故 9 周龄出售，喂养重型肉鸡的效益较好。

二是由于公、母鸡对营养要求不同。公鸡沉积脂肪的能力比母鸡差，但公鸡比母鸡能更有效地利用蛋白质，从 2 周龄起公、母雏鸡对重要营养成分需求量就有显著差别。公鸡饲料的蛋白质水平应高于母鸡，适量添加赖氨酸可使公鸡的生长速度和饲料利用效率明显提高，母鸡则反应比较小。

三是由于公、母鸡对环境要求不同。公鸡的羽毛长得慢，母鸡羽毛长得快，所以公鸡前期对温度的要求比母鸡高，而后期则比母鸡低些；公鸡的体重大，因此胸囊肿的发病比例比母鸡高，要求垫料松散并适当加厚。

总之，实行公、母鸡分开饲养比混合饲养平均增重快，节省饲料，大小均匀，有利于机械屠宰加工、分割及包装等一系列作业。

3. 采用颗粒饲料

颗粒饲料的优点是适口性好、营养全面、比例稳定，经包装、运输、饲喂等工序不会发生质的分离和营养成分不均的现象，饲料浪费少。同时在加工成颗粒料的过程中还起到一定的消毒作用，颗粒料体积小、比重大，可促使肉鸡多吃料。所以，使用颗粒料可提高饲料利用效率的 2%，增重提高 3%～4%，对减少疾病和节省饲料有重要作用。国外肉鸡生产已普遍使用颗粒饲料。目前，国内颗粒饲料加工厂也越来越多，饲养肉用仔鸡的场、户用颗粒料的也逐渐增多。颗粒直径一般 0.3 厘米左右，育雏期的料是将颗粒料再破碎，成为便于采食的细小的破碎料。

4. 加强早期饲喂

由于肉用仔鸡的生长速度很快，相对生长强度很大，如果前期生长稍有受阻，以后很难补偿。这和蛋用雏鸡有很大差别，蛋鸡在产蛋前有相当长一段时间可以弥补前期饲养的一些失误。

肉用仔鸡的早期营养来源有两部分：一部分是雏鸡出壳后卵黄囊内携带的卵黄，可消化吸收作为营养物质利用。另一部分是采食饲料，即吃进营养物质。

卵黄囊内卵黄的消化吸收速度有它本身的规律。在早期室温适宜、饮水充足条件下吸收正常。在正常环境条件下，卵黄囊吸收速度与食入营养物质密切相关。当雏鸡出壳后开食时间晚，处于早期饥饿状态，卵黄吸收很快。正常开食，卵黄囊减重正常。加强早期饲喂，供给蛋氨酸、赖氨酸等必须氨基酸充足的日粮，可减缓卵黄囊消失的速度。这就是说，在两种营养物质交替的关键时刻，加强早期饲养能延长两种营养物质来源共同供应的时间，对当时和后来雏鸡的生长都十分有利。就像哺乳动物延长哺乳期与早期补饲相结合的营养效果。因此，出壳后的雏鸡早入舍、早饮水、早开食，加强早期饲喂，是整个饲养过程的关键措施。实践证明，有些鸡群8周龄时还达不到上市体重的要求，并不是后期生长缓慢，而是早期饲养失误，基础没有打好。

5. 保证足够的采食量

有了较高营养水平的日粮，如果采食量上不去，吃不够，肉用仔鸡的增重照样得不到好的效果。保证足够的进食量在肉用仔鸡饲养技术中占据很重要的地位。

采食量的影响因素很多，除疾病之外，主要有以下几个方面：①舍内温度过高，采食量减少。②饲料的物理性状。粉状饲料采食量低，颗粒饲料或制粒后破碎的碎裂料采食量高。③饲料有霉坏现象时影响采食量，特别是有黄曲霉的饲料，采食量上不去。④饲料本身的适口性影响采食量。如棉粕、菜籽粕，肉鸡在吃食时容易糊嘴或因饼粕中单宁含量多而适口性差，鸡不爱吃。

保证采食量的常用措施有：①在整个饲养过程中提供足够的采食位置，保证充足的采食时间。②在高温季节采取有效的降温措施，加强夜间饲喂。③改变饲料配方，提高能量蛋白水平，对有条件的场家在夏季可以采用。④在饲料配制过程中添加香味剂。

肉用仔鸡第一周体重可达130克以上。如果前期营养差、生长慢，后期虽然有一定的补偿作用，但始终赶不上营养好、生长快的。据试验5~8周肉鸡龄均使用21％的蛋白质饲料，前期使用23％的蛋白质饲料比使用21％的蛋白质饲料体重高3％。前期鸡的体重小，维持消耗少，虽然饲料因营养水平高，成本高一点，但鸡的生长速度比使用营养水平低的饲料长得快，饲料利用效率高，其单位增重比使用低营养水平的饲料成本低。因此，饲养肉用仔鸡，应特别注意早期饲养问题。

6. 采用弱光制度

采用弱光制度是肉用仔鸡饲养管理的一大特点。强光照会刺激鸡的兴奋性，而弱光照可降低鸡的兴奋性，使鸡经常保持安静的状态，这对肉鸡增重是很有益的。世界上肉鸡生产创造的最好成绩，就是在弱光照制度下取得的。

在育雏的最初3天之内可以给予较强的光照，随后则应逐渐降低。第4周开始必须采用弱光照，每20平方米用15瓦的光源，只要鸡只能看到采食饮水就已经够了。对于有窗鸡舍或开放式鸡舍，要采用遮光措施，避免阳光直射和光线过强。

光照时间方面，大多数肉鸡饲养者只在进雏后第1、2天实行通宵照明，其他时间都是晚上停止1小时照明，即23小时光照时间。这1小时黑暗只是让鸡群习惯，一旦黑夜停电不致引起鸡群骚乱。这种方法既可以节省电费，也可明显提高肉鸡饲养效果。

总之，在整个饲养期间，要为肉用仔鸡提供适宜的环境、完善的营养、严格的防疫措施，并应注意每周抽测生长发育状况。日常的饲养管理中，要注意细心观察采食、粪便、鸡群的动态等，及时发现并解决处在萌芽状态的问题，做好精细管理，科学合理地处理所有的细节，并结合当地的气候环境和具体条件、不断总结自己的饲养实践经验，才能获得良好的经济效益。

第三节　鸡常见疾病的防治技术

一、鸡新城疫

1. 临床症状

潜伏期一般为 3～5 天。根据临床表现和病程控制长短可分为最急性型、急性型、亚急性型或慢性型。

最急性型：无任何症状，突然死亡。

急性型：病鸡体温升高达 42～44℃，采食量下降，精神沉郁，离群呆立，羽毛稀松，缩颈闭眼，产蛋量下降，软壳蛋增多，蛋壳颜色变浅。咳嗽、呼吸困难，吸气时伸颈呼吸，时常发出"咯咯"叫声，嗉囊充满酸臭液体。病鸡倒悬可从口中流出酸液，排黄绿色稀粪。有的病鸡有神经症状，头颈后仰呈"S"状，站立不稳，转圈运动，最后衰竭死亡。

亚急性或慢性型：早期症状不明显，渐进性瘦弱，直至死亡。

2. 防治措施

平时做好免疫接种工作。制订严格的卫生防疫措施，防止外来病原侵入鸡群。鸡新城疫苗有Ⅰ系、Ⅱ系、Ⅲ系、Ⅳ系等4 个品系。Ⅰ系为中等毒力疫苗，其他 3 种为弱毒力疫苗。弱毒苗适用于雏鸡。一般于 7～10 日龄与 30 日龄用新城疫Ⅳ系苗滴鼻和点眼免疫。接种后一般不引起不良反应。

二、马立克病

1. 临床症状

神经型：主要侵害外周神经，坐骨神经受侵害时可造成两腿瘫痪，或一腿向前伸，一腿向后伸，俗称"劈叉腿"。当侵害臂神经时，造成翅膀下垂无力。

内脏型：精神沉郁，采食下降，随着病程发展逐渐消瘦，最后至死亡。

眼型：虹膜退色，瞳孔边缘不整，失明。

2. 防治措施

蛋鸡易感马立克病，发病后没有有效的治疗方法，应以预防为主。一般于出壳后 1 日内皮下注射马立克病疫苗，平时要做好卫生消毒工作，定期带鸡消毒，做好预防接种工作。

三、传染性法氏囊病

1. 临床症状

潜伏期 2~3 天，羽毛松乱，如刺猬状，精神沉郁，食欲不振，体温升高，排黄白色水样稀便，病鸡最后脱水导致衰竭死亡。

2. 防治措施

加强卫生消毒工作，制订合理免疫程序。一般于 15 日龄和 24 日龄用传染性法氏囊病弱毒苗滴鼻或饮水。发病早期可紧急肌内注射高免血清或高免卵黄液 1~2 毫升，同时利用抗生素药物预防并发症。

四、传染性支气管炎

1. 临床症状

病鸡呼吸困难，伸颈张口呼吸，咳嗽，精神沉郁，羽毛松乱，翅膀下垂，且常有挤堆现象。成年产蛋鸡产蛋量下降，产软壳蛋，蛋黄和蛋白容易分离。肾型传染性支气管炎呼吸道症状轻微，但下痢且粪便中混有尿酸盐，饮水量增加，迅速消瘦。

2. 防治措施

目前对传染性支气管炎没有特效的治疗方法，临床上常用抗生素和中药制剂对其进行治疗，但效果一般不佳。免疫接种是控制本病的首选方案，H120 株疫苗适用于 14 日龄雏鸡，安全性高，免疫效果好，免疫后 3 周龄保护率可达 90％以上。H52株疫苗适用于 30 日龄以上雏鸡，但有一定副作用。油乳剂灭活菌苗适用于各日龄鸡。

五、禽流感

1. 临床症状

禽流感的发病率和死亡率受多种因素的影响，高致病力毒株引起的死亡率和发病率可达 100%。禽流感的临床症状较为复杂，易与鸡新城疫、鸡传染性支气管炎、鸡传染性喉气管炎、鸡传染性鼻炎、鸡慢性呼吸道病相混淆。潜伏期一般为 15 天，各种日龄都可感染发病。病鸡精神沉郁，羽毛蓬乱，垂头缩颈，肉子鸡出现磕头表现，采食减少甚至废绝，拉黄绿色或白色稀粪。有的鸡群表现明显的呼吸道症状，有的症状很轻。病鸡鼻腔流清水样鼻液。鸡群首先出现采食量下降、饮水量增加，随后产蛋鸡出现产蛋率大幅度下降，产蛋率可由 90% 以上下降到零，大部分鸡群产蛋率下降到 40%～60% 或 40% 以下。蛋壳粗糙，软壳蛋、退色蛋增多。有的鸡发病时头肿，单侧或双侧眼睑水肿，有的眼眶周围浮肿，成为金鱼眼甚至失明；冠和肉垂发绀、肿胀、出血和坏死；有的出现神经症状。

2. 防治措施

目前对禽流感没有特效的治疗方法，临床上常用病毒唑、病毒灵、金刚烷胺、严迪以及中草药板蓝根、大青叶对其进行治疗，但一般效果不佳。目前，主要通过注射禽流感疫苗，预防本病的发生。

六、鸡产蛋下降综合征

1. 临床症状

产蛋下降综合征感染鸡群没有特别明显的临床症状，突然出现产蛋大幅度下降，产蛋率比正常下降 20%～30%，甚至 50%。同时，产薄壳蛋、软壳蛋、畸形蛋，蛋壳表面粗糙，褐壳蛋色素丧失或变浅，蛋白水样，蛋黄色淡，或蛋白中混有血液、异物等。异常蛋可占产蛋的 15% 以上，蛋的破损率增高。产蛋下降持续 4～10 周后才恢复到正常水平。刚开产的新母鸡感染本病，产蛋率不能达到预期的高峰。个别病鸡表现精神不振、食欲减少、冠苍白、羽毛松乱、体温升高以及腹泻等症状。

2. 防治措施

无有效的治疗方法。16 周龄接种产蛋下降综合征油乳剂灭活苗或在母鸡开产前接种，可以避免强毒攻击所造成的损失，保护率 100％。

七、鸡白痢

1. 临床症状

（1）雏鸡：出壳后感染的雏鸡，经 4～5 天的潜伏期后才表现出症状，死亡率逐渐增加，在 10～14 日龄死亡达到高峰。最急性死亡常无明显症状。稍缓型者表现精神沉郁、羽毛蓬松、畏寒怕冷、双翅下垂、闭眼昏睡、缩头聚集成堆；有的离群呆立、蹲伏，有的伴有呼吸困难症状。食欲减退、废绝，腹泻、拉白色糊样粪便，肛门周围绒毛被粪便严重污染，有时粪便干结封住肛门，造成排粪困难。最终因呼吸困难和心力衰竭而死亡。

（2）成年鸡：感染后常无明显症状，但多数母鸡产蛋量、种蛋受精率、孵化率下降。孵出的雏鸡成活率低，发病死亡率高。极少数母鸡表现精神萎顿，头、翅下垂，排白色稀粪，产蛋停止，或因卵黄掉入腹腔而引起卵黄性腹膜炎。

2. 防治措施

磺胺类、喹诺酮类等药物对本病都有一定的疗效。磺胺类药物以磺胺嘧啶、磺胺甲基嘧啶和磺胺二甲嘧啶效果较好，拌料浓度为 0.3％，连用 5～7 天。喹诺酮类饮水浓度为 0.02％，连饮 5～7 天。

八、鸡球虫病

1. 临床症状

病鸡精神沉郁，活动减少，食欲减退，逐渐瘦弱，粪便中带血。青年鸡和成年鸡有的可耐过,但生产性能受到较大影响。

2. 防治措施

防治药物有很多,主要有氯苯胍、氨丙啉、克球粉、速丹、痢特灵等。进行药物防治时要掌握好剂量,每种药物治疗 1~2 个疗程后,要改用另一种药物治疗,防止球虫对药物产生耐药性。

模块八 鸭的生产技术

第一节 雏鸭的养殖技术

0～4周龄的鸭称为雏鸭。雏鸭绒毛稀短,体温调节能力差;体质弱,适应周围环境能力差;生长发育快,消化能力差;抗病力差,易得病死亡。雏鸭饲养管理的好坏不仅关系到雏鸭的生长发育和成活率,还会影响到鸭场内鸭群的更新和发展、鸭群以后的产蛋率和健康状况。

一、育雏前的准备

(一)育雏舍和设备的检修、清洗及消毒

雏鸭阶段主要是在育雏室内进行伺养,育雏开始前要对鸭舍及其设备进行清洗和检修,目的是尽可能将环境中的微生物减至最少,保证舍内环境的适宜和稳定,有效防止其他动物的进入。

对鸭舍的屋顶、墙壁、地面以及取暖、供水、供料、供电等设备进行彻底的清扫、检修,能冲洗的要冲洗干净,鼠洞要堵死,然后再进行消毒。用石灰水或其他消毒药水喷洒或涂刷。清洗干净的设备用具需经太阳晒干。

清扫和整理完毕后在舍内地面铺上一层干净、柔软的垫料,一切用具搬到舍内,用福尔马林熏蒸法消毒。鸭舍门口应设置消毒池并放入消毒液。

对于育雏室外附近设有小型洗浴池的鸭场,在使用之前要对水池进行清理消毒,然后注入清水。

(二)育雏用具设备的准备

应根据雏鸭饲养的数量和饲养方式配备足够的保温设备、

垫料、围栏、料槽、水槽、水盆(前期雏鸭洗浴用)、清洁工具等设备用具，备好饲料、药品、疫苗，制订好操作规程和生产记录表格。

(三)做好预温工作

无论采用哪种方式育雏和供温，进雏前 2~3 天对舍内保温设备要进行检修和调试。在雏鸭进入育雏室前 1 天，要保证室内温度达到育雏所需要的温度，并保持温度的稳定。

二、雏鸭的饲料

(一)开水

刚出壳的雏鸭第一次饮水称开水，也叫"潮口"。先饮水后开食，是饲养雏鸭的一个基本原则，一般在出壳后 24 小时内进行。方法是把雏鸭喙浸入 30℃ 左右温开水中，让其喝水，反复几次，即可学会饮水。夏季天气晴朗，潮口也可在小溪中进行，把雏鸭放在竹篮内，一起浸入水中，只浸到雏鸭脚，不要浸湿绒毛。

(二)开食

一般在"开水"后 30 分钟左右开食。开食料选用米饭、碎米、碎玉米粉等，也可直接用颗粒料自由采食的方法进行。开食时不要用料槽或料盘，直接撒在干净的塑料布上，便于鸭群同时采食到饲料。

(三)饲喂次数和雏鸭料

随着雏鸭日龄的增加可逐渐减少饲喂次数，10 日龄以内白天喂 4 次，夜晚 1~2 次；11~20 日龄白天喂 3 次，夜晚 1~2 次；20 日龄后白天喂 3 次，夜晚 1 次。雏鸭料可参考此饲料配方：玉米 58.5%、麦麸 10%、豆饼 20%、国产鱼粉 10%、骨粉 0.5%、贝壳粉 1%，此外可额外添加 0.01% 的禽用多维和 0.1% 的微量元素。

三、雏鸭的管理

（一）及时分群，严防堆压

雏鸭在"开水"前，应根据出雏的迟早、强弱分开饲养。笼养的雏鸭，将弱雏放在笼的上层、温度较高的地方。平养的要将强雏放在育雏室的近门口处，弱雏放在鸭舍中温度最高处。第二次分群是在吃料后 3 天左右，将吃料少或不吃料的放在一起饲养，适当增加饲喂次数，比其他雏鸭的环境温度提高 1～2℃。对患病的雏鸭要单独饲养或淘汰。以后可根据雏鸭的体重来分群，每周随机抽取 5％～10％ 的雏鸭称重，未达到标准的要适当增加饲喂量，超过标准的要适当减少饲喂量。

（二）从小调教下水，逐步锻炼放牧

下水要从小开始训练，千万不要因为小鸭怕冷、胆小、怕下水而停止。开始 1～5 天，可以与小鸭"点水"（有的称"潮水"）结合起来，即在鸭篓内"点水"，第五天起，就可以自由下水活动了。注意每次下水上来，都要让它们在无风温暖的地方梳理羽毛，使身上的湿毛尽快干燥，千万不可带着湿毛入窝休息。下水活动，夏季不能在中午烈日下进行，冬季不能在阴冷的早晚进行。

5 日龄以后，即雏鸭能够自由下水活动时，就可以开始放牧。开始放牧宜在鸭舍周围，适应以后可慢慢延长放牧路线，选择理想的放牧环境，如水稻田、浅水河沟或湖塘，种植荸荠、芋芳的水田，种植莲藕、慈姑的浅水池塘等。放牧的时间要由短到长，逐步锻炼。放牧的次数也不能太多，雏鸭阶段，每天上、下午各放牧一次，中午休息。每次放牧的时间，开始时20～30分钟，以后慢慢延长，但不要超过 1.5 小时。雏鸭放牧水稻田后，要到清水中游洗一下，然后上岸理毛休息。

（三）搞好清洁卫生，保持圈窝干燥

随着雏鸭日龄增大，排泄物不断增多，鸭篓和圈窝极易潮湿、污秽，这种环境会使雏鸭绒毛沾湿、弄脏，且有助于病原

微生物繁殖，因此必须及时打扫干净，勤换垫草，保持篓内和圈窝内干燥清洁。换下的垫草要经过翻晒晾干，方能再用。育雏舍周围的环境，也要经常打扫，四周的排水沟必须畅通，以保持干燥、清洁、卫生的良好环境。

（四）建立稳定的管理程序

蛋鸭具有集体生活的习性，合群性很强，神经类型较敏感，其各种行为要在雏鸭阶段开始培养。例如，饮水、吃料、下水游泳、上岸理毛、入圈歇息等，都要定时、定地，每天有固定的一整套管理程序，形成习惯后，不要轻易改变，如果改变，也要逐步进行。饲料品种和调制方法的改变也如此。

第二节　育成鸭的养殖技术

育成鸭一般指 5～16 周龄的青年鸭。育成鸭饲养管理的好坏，直接影响产蛋鸭的生产性能和种鸭的种用价值。育成鸭具有生长发育快、羽毛生长速度快、器官发育快、适应性强等特点。育成阶段要特别注意控制生长速度、群体均匀度、体重和开产日龄，使蛋鸭适时达到性成熟，在理想的开产日龄开产，迅速达到产蛋高峰，充分发挥其生产潜力。

一、育成鸭的放牧

放牧养鸭是我国传统的养鸭方式，它利用了鸭场周围丰富的天然饲料，适时为稻田除虫，同时可使鸭体健壮，节约饲料，降低成本。

（一）选择好放牧场所和放牧路线

早春放浅水塘、小河小港，让鸭觅食螺蛳、鱼虾、草根等水生生物。春耕开始后在耕翻的田内放牧，觅取田里的草籽、草根和蚯蚓、昆虫等天然动植物饲料。稻田插秧后从分蘖至抽穗扬花时，都可在稻田放牧，既除害虫杂草，又节省饲料，还增加了野生动物性蛋白的摄取量。待水稻收割后再放牧，可觅食落地稻粒和草籽，这是放鸭的最好时期。

每次放牧，路线远近要适当，鸭龄从小到大，路线由近到远，逐步锻炼，不能使鸭太疲劳；往返路线尽可能固定，便于管理。过河过江时，选水浅的地方；上下河岸，选坡度小、场面宽广之处，以免拥挤践踏。在水里浮游，应逆水放牧，便于觅食；有风天气放牧，应逆风前进，以免鸭毛被风吹开，使鸭受凉。每次放牧途中，都要选择 1～2 个可避风雨的阴凉地方，在中午炎热或遇雷阵雨时，都要把鸭赶回阴凉处休息。

（二）采食训练与信号调教

为使鸭群及早采食和便于管理，采食训练和信号调教要在放牧前几天进行。采食训练根据牧地饲料资源情况，进行吃稻谷粒、吃螺蛳等的训练，方法是先将谷粒、螺蛳撒在地上，然后将饥饿的鸭群赶来任其采食。

信号调教是用固定的信号和动作进行反复训练，使鸭群建立起听从指挥的条件反射，以便于在放牧中收拢鸭群。

（三）放牧方法

1. 一条龙放牧法

这种放牧法一般由 2～3 人管理（视鸭群大小而定），由有经验的牧鸭人（称为主棒）在前面领路，另有两名助手在后方的左右侧压阵，使鸭群形成 5～10 层次，缓慢前进，把稻田的落谷和昆虫吃干净。这种放牧法适于将要翻耕、泥巴稀而不硬的落谷田，宜在下午进行。

2. 满天星放牧法

即将鸭驱赶到放牧地区后，不是有秩序地前进，而是让它们散开，自由采食，先将有迁徙性的活昆虫吃掉，适当"闯鲜"，留下大部分遗粒，以后再放。这种放牧法适于干田块，或近期不会翻耕的田块，宜在上午进行。

3. 定时放牧法

群鸭的生活有一定的规律性，在一天的放牧过程中，要出现 3～4 次积极采食的高潮，3～4 次集中休息和浮游。根据这一规律，在放牧时，不要让鸭群整天泡在田里或水上，而要采取定时放牧法。春末至秋初，一般采食 4 次，即 10：00 点左右、15：00 点左右、傍晚前各采食 1 次。秋后至初春，气候冷，日照时数少，一般每日分早、中、晚采食 3 次。饲养员要选择好放牧场地，把天然饲料丰富的地方留作采食高潮时放牧。如不控制鸭群的采食和休息时间，整天东奔西跑，使鸭子终日处于半饥饿状态，得不到休息，既消耗体力，又不能充分利用天然饲料，是放牧鸭群的大忌。

（四）放牧鸭群的控制

鸭子具有较强的合群性，从育雏开始到放牧训练，建立起听从放牧人员口令和放牧竿指挥的条件反射，可以把数千只鸭控制得井井有条，不致糟蹋庄稼和践踏作物。当鸭群需要转移牧地时，先要把鸭群在田里集中，然后用放牧竿从鸭群中选出 10～20 只作为头鸭带路，走在最前面，叫作"头竿"，余下的鸭群就会跟着上路。只要头竿、二竿控制得好，头鸭就会将鸭群有秩序地带到放牧场地。

二、育成鸭的圈养饲养

育成鸭的整个饲养过程均在鸭舍内进行，称为圈养或关养。圈养鸭不受季节、气候、环境和饲料的影响，能够降低传染病的发病率，还可提高劳动效率。

（一）合理分群，掌握适宜密度

1. 分群

合理分群能使鸭群生长发育一致，便于管理。鸭群不宜太大，每群以 500 只左右为宜。分群时要淘汰病、弱、残鸭，要尽可能做到日龄相同、大小一致、品种一样、性别相同。

2. 保持适宜的饲养密度

分群的同时应注意调整饲养密度，适宜的饲养密度是保证青年鸭健康、生长良好、均匀整齐，为产蛋打下良好基础的重要条件。值得一提的是，在此生长期，羽毛快速生长，特别是翅部的羽轴刚出头时，鸭群密度大易相互拥挤，稍一挤碰，就疼痛难受，会引起鸭群践踏，影响生长。这时的鸭很敏感，怕互相撞挤，喜欢疏散。因此，要控制好密度，不能太拥挤。饲养密度会随鸭的品种、周龄、体重大小、季节和气温的不同而变化。冬季气温低时每平方米可以多养 2～3 只，夏季气温高时可少养 2～3 只。

（二）日粮及饲喂

圈养与放牧完全不同，鸭采食不到鲜活的野生饲料，必须靠人工饲喂。圈养时要满足青年鸭生长阶段所需要的各种营养物质，饲料尽可能多样化，以保持能量与蛋白质的适当比例，使含硫氨基酸、多种维生素、矿物质都有充足的供给。育成鸭的营养水平宜低不宜高，饲料宜粗不宜精，使青年鸭得到充分锻炼，长好骨架。要根据生长发育的具体情况增减必需的营养物质，如绍鸭的正常开产日龄是 130～150 日龄，标准开产体重为 1.4～1.5 千克，如体重超过 1.5 千克，则认为超重，影响开产，应轻度限制饲养，适当多喂些青饲料和粗饲料。对发育差、体重轻的鸭，要适当提高饲料质量，每只每天的平均喂料量可掌握在 150 克左右，另加少量的动物性鲜活饲料，以促进生长发育。

育成鸭的饲料不宜用玉米、谷、麦等单一的原粮，最好是粉碎加工后的全价混合粉料，喂饲前加适量的清水，拌成湿料生喂，饮水要充足。动物性饲料应切碎后拌入全价饲料中喂饲，青绿饲料可以在两次喂饲的间隔投放在运动场，由鸭自主选择采食。青绿饲料不必切碎，但要洗干净。每日喂 3～4 次，每次喂料的间隔时间尽可能相等，避免采食时饥饱不均。

（三）育成鸭管理要点

1. 加强运动

鸭在圈养条件下适当增加运动可以促进育成鸭骨骼和肌肉

的发育，增强体质，防止过肥。冬季气温过低时每天要定时驱赶鸭在舍内做转圈运动。一般天气，每天让鸭群在运动场活动2次，每次1～1.5小时。鸭舍附近若有放牧的场地，可以定时进行短距离的放牧活动。每天上、下午各2次，定期驱赶鸭子下水运动1次，每次10～20分钟。

2. 提高鸭对环境的适应性

在育成鸭时期，利用喂料、喂水、换草等机会，多与鸭群接触。如喂料的时候，人可以站在旁边，观察采食情况，让鸭子在自己的身边走动，遇到"娇鸭"静伏在身旁时，可用手抚摸，久而久之，鸭子就不会怕人，也提高了鸭子对环境的适应能力。

3. 控制好光照

舍内通宵点灯，弱光照明。育成鸭培育期，不用强光照明，要求每天标准的光照时间稳定在8～10小时，在开产以前不宜增加。如果利用自然光照，以下半年培育的秋鸭最为合适。但是，为了便于鸭子夜间饮水，防止因老鼠或鸟兽走动时惊群，舍内应通宵弱光照明。如30平方米的鸭舍，可以安装一盏15瓦灯泡，遇到停电时，应立即点上有玻璃罩的煤油灯（马灯）。长期处于弱光通宵照明的鸭群，遇到突然黑暗的环境，常引起严重惊群，造成很大伤亡。

4. 加强传染病的免疫预防工作

育成鸭时期的主要传染病有两种：一是鸭瘟，二是禽霍乱。免疫程序：60～70日龄，注射一次禽霍乱菌苗；100日龄前后，再注射一次禽霍乱菌苗。70～80日龄，注射一次鸭瘟弱毒疫苗。对于只养1年的蛋鸭，注射1次即可；养2年以上的蛋鸭，隔1年再预防注射1次。这两种传染病的预防注射，都要在开产以前完成，进入产蛋高峰后，尽可能避免捉鸭打针，以免影响产蛋。以上方法也适用于放牧鸭。

5. 建立一套稳定的作息制度

圈养鸭的生活环境比放牧鸭稳定，要根据鸭子的生活习性，定时作息，制订操作规程。形成作息制度后，尽量保持稳定，不要经常变更。

6. 选择与淘汰

当鸭群达到 16 周龄的时候可以对鸭群进行一次选择，将有严重病、弱、残的个体淘汰，因为这些鸭性成熟晚、产蛋率低、容易死亡或成为鸭群内疾病的传播者。如果是将来作为种鸭的，不仅要求选留的个体要健康、体况发育良好，而且体型、羽毛颜色、脚蹼颜色要符合品种或品系标准。

第三节　蛋鸭的养殖技术

母鸭从开始产蛋直到淘汰(17～72 周龄)，均称为产蛋鸭。

一、产蛋规律

蛋用型鸭开产日龄一般在 21 周左右，28 周龄时产蛋率达 90%，产蛋高峰出现较快。产蛋持续时间长，到 60 周龄时才有所下降，72 周龄淘汰时产收率仍可达 75% 左右。蛋用型鸭每年产蛋 220～300 枚。鸭群产蛋时间一般集中在凌晨 2：00～5：00 点，白天产蛋很少。

二、商品蛋鸭的养管理

(一)饲养

1. 饲料配制

圈养产蛋母鸭，饲料可按下列比例配给：玉米粉 40%、麦粉 25%、糠麸 10%、豆饼 15%、鱼粉 6.2%、骨粉 3.5%、食盐 0.3%。另外，还应补充多种维生素和微量元素添加剂。也可以根据养鸭户的能力和条件做一些替换饲料，如缺少鱼粉，可捕捞小杂鱼、小虾和蜗牛等饲喂，可以生喂，也可以煮熟后拌在饲料中喂。饲料不能拌得太黏，达到不沾嘴的程度就可以。食盆和水槽应放在干燥的地方，每天要刷洗一次。每天要保证供给鸭充足的饮水，同时在圈舍内放一个沙盆，准备足够、干净的沙子，让母鸭随便吃。

2. 饲喂次数及饲养密度

饲养中注意不要让母鸭长得过肥，因为肥鸭产蛋少或不产蛋。但是，也要防止母鸭过瘦，过瘦也不产蛋。每天要定时喂食，母鸭产蛋率不足 30% 时，每天应喂料 3 次；产蛋率在 30%～50% 时，每天应喂料 4 次；产蛋率在 50% 以上时，每天喂料 5 次。鸭夜间每次醒来，大多都会去吃料或喝水。因此，对产蛋母鸭在夜间一定要喂料 1 次。对产蛋的母鸭要尽量少喂或者不喂稻糠、酒糟之类的饲料。在圈舍内饲养母鸭，饲养的数量不能过多，每平方米 6 只较适宜，如有 30 平方米的房子，可以养产蛋鸭 180 只左右。

(二)圈舍的环境控制

圈舍内的温度要求在 10～18℃之间。0℃以下母鸭的产蛋量就会大量减少，到 -4℃ 时，母鸭就会停止产蛋。当温度上升到 28℃ 以上时，由于气温过热，鸭取食减少，产蛋也会减少，并会停止产蛋，开始换羽。因此，温度管理的重点是冬天防寒，夏天防暑。在寒冷地区的冬天，产蛋母鸭圈舍内要烧火炉取暖，以提高舍内温度。要给母鸭喝温水，喂温热的料，增加青绿饲料，如白菜等，以保证母鸭的营养需要。另外，要减少母鸭在室外运动场停留的时间。夏季天气炎热时，要将鸭圈的前后窗户打开，降低鸭舍内的温度，同时要保持鸭圈舍内的干燥，不能向地面洒水。

(三)不同生长阶段的管理

1. 产蛋初期(开产至 200 日龄)和前期(201～300 日龄)

不断提高饲料质量，增加饲喂次数，每日喂 4 次，每日每只喂料 150 克。光照逐渐加至 16 小时。本阶段蛋重增加，产蛋率上升，体重要维持开产时的标准，不能降低，也不能增加。要注意蛋鸭初产习性的调教。设置产蛋箱，每天放入新鲜干燥的垫草，并放鸭蛋作"引蛋"，晚上将产蛋箱打开。为防止蛋鸭晚间产蛋时受伤害，舍内应安装低功率节能灯照明。这样经过10天左右的调教，绝大多数鸭便去产蛋箱产蛋。

2．产蛋中期（301～400日龄）

此阶段的鸭群因已进入产蛋高峰期而且持续产蛋100多天，体力消耗较大，对环境条件的变化敏感，如不精心饲养管理，难以保持高产蛋率，甚至引起换羽停产，因而这也是蛋鸭最难养的阶段。此期内日粮中的粗蛋白质水平比产蛋前期要高，达20％；并特别注意钙的添加，日粮含钙量过高影响适口性，为此可在粉料中添加1％～2％的颗粒状钙，或在舍内单独放置钙盆，让鸭自由采食，并适量喂给青绿饲料或添加多种维生素。光照时间稳定在16小时。

3．产蛋后期（401～500日龄）

产蛋率开始下降，这段时间要根据体重与产蛋率来定饲料的质量与数量。如果体重减轻，产蛋率80％左右，要多加动物性蛋白；如体重增加、发胖，产蛋率还在80％左右，要降低饲料中的代谢能或增喂青料，蛋白保持原水平；如产蛋率已下降至60％左右，就要降低饲料水平，此时再加好料产蛋量也不能恢复。80％产蛋率时保持16小时光照，60％产蛋率时加到17小时。

4．休产期的管理

产蛋鸭经过春天和夏天几个月的产蛋后，在伏天开始掉毛换羽。自然换羽时间比较长，一般需要3～4个月，这时母鸭就不产蛋了，为了缩短换羽时间，降低喂养成本，让母鸭提早恢复产蛋，可采用人工强制的方法让母鸭换羽。

三、种鸭的饲养管理

鸭产蛋留作种用的称种鸭。种鸭与产蛋鸭的饲养管理基本相同，不同的是，养产蛋鸭只是为了得到商品食用蛋，满足市场需要；而养种鸭，则是为了得到高质量的可以孵化后代的种蛋。所以，饲养种鸭要求更高，不但要养好母鸭，还要养好公鸭，才能提高受精率。

（一）选留

留种的公鸭经过育雏、育成期、性成熟初期三个阶段的选择。选出的公鸭外貌符合品种要求，生长发育良好，体格强壮，性器官发育健全，第二性征明显，精液品质优良，性欲旺盛，行动矫健灵活。种母鸭要选择羽毛紧密，紧贴身体，行动灵活，觅食能力强；骨骼发育好，体格健壮，眼睛突出有神，嘴长、颈长、身长；体形外貌要符合品种（品系）要求的标准。

（二）饲养

有条件的饲养场所饲养的种公鸭要早于母鸭 1～2 月龄，使公鸭在母鸭产蛋前已达到性成熟，这样有利于提高种蛋受精率。育成期公、母鸭分开饲养，一般公鸭采用以放牧为主的饲养方式，让其多采食野生饲料，多活动、多锻炼。饲养上既能保证各器官正常生长发育，又可以防止过肥或过早性成熟。对开始性成熟但尚未达到配种期的种公鸭，要尽量旱地放牧，少下水，减少公鸭间的相互嬉戏、爬跨，以防形成恶癖。

营养上除按母鸭的产蛋率高低给予必需的营养物质外，还要多喂维生素、青绿饲料。维生素 E 能提高种蛋的受精率和孵化率，饲料中应适当增加，每千克饲料中添加 25 毫克，不低于 20 毫克。生物素、泛酸不仅影响产蛋率，而且对种蛋受精率和孵化率影响也很大。同时，还应注意不能缺乏含色氨酸的蛋白质饲料，色氨酸有助于提高种蛋的受精率和孵化率，饼、粕类饲料中色氨酸含量较高，配制日粮时必须加入一定饼、粕类饲料和鱼粉。种鸭饲料中尽量少用或不用菜籽粕、棉籽粕等含有毒素影响生殖功能的原料。

（三）公、母的合群与配比

青年阶段公、母鸭分开饲养。为了使得同群公鸭之间建立稳定的序位关系，减少争斗，使得公、母鸭之间相互熟悉，在鸭群将要达到性成熟前进行合群。合群晚会影响公鸭对母鸭的分配，相互间的争斗和争配对母鸭的产蛋有不利影响。

公、母配比是否合适对种蛋的受精率影响很大。国内蛋用型麻鸭体型小而灵活，性欲旺盛，配种能力强。其公、母配比在春、冬季为1:18，夏、秋季为1:20，这样的性别比例可以保持高的种蛋受精率；康贝尔鸭公、母配比为1:(15～18)比较合适。

在繁殖季节，应随时观察鸭群的配种情况，发现种蛋受精率低，要及时查找原因。首先要检查公鸭，发现性器官发育不良、精子畸形等不合格的个体要淘汰，发现伤残的公鸭要及时调出并补充新个体。

（四）提高配种效率

自然配种的鸭，在水中配种比在陆地上配种的成功率高，其种蛋的受精率也高。种公鸭在每天的清晨和傍晚配种次数最多。因此，天气好应尽量早放鸭出舍，迟关鸭，增加户外活动时间。如果种鸭场不是建在水库、池塘和河渠附近，则种鸭场必须设置水池，最好是流动水，要延长放水时间，增加活动量。若是静水应常更换，保持水清洁不污浊。

（五）及时收集种蛋

种蛋清洁与否直接影响孵化率。每天清晨要及时收集种蛋，不让种蛋受潮、受晒、被粪便污染，尽快进行熏蒸消毒。种蛋在垫草上放置的时间越长所受的污染越严重。

收集种蛋时，要仔细地检查垫草下面是否埋有鸭蛋；对于伏卧在垫草上的鸭要赶起来，看其身下是否有鸭蛋。

第四节　肉鸭的养殖技术

肉鸭分大型肉鸭和中型肉鸭两类。大型肉鸭又称快大鸭或肉用仔鸭，一般养到50天，体重可达3.0千克左右；中型肉鸭一般饲养65～70天，体重达1.7～2.0千克。

一、肉仔鸭的饲料管理

（一）环境条件及其控制

1. 温度

雏鸭体温调节机能较差，对外界环境条件有一个逐步适应的过程，保持适当的温度是育雏成败的关键。

2. 湿度

若舍内高温低湿会造成干燥的环境，很容易使雏鸭脱水，羽毛发干。但湿度也不能过高，高温高湿易诱发多种疾病，这是养禽最忌讳的环境，也是球虫病暴发的最佳条件。地面垫料平养时要特别注意防止高湿。育雏第一周应该保持稍高的湿度，一般相对湿度为65％，以后随日龄增加，要注意保持鸭舍的干燥。要避免漏水，防止粪便、垫料潮湿。第二周湿度控制在60％，第三周以后为55％。

3. 通风

保温的同时要注意通风，以排除潮气等，其中以排出潮湿气最为重要。良好的通风可以保持舍内空气新鲜，有利于保持鸭体健康、羽毛整洁，夏季通风还有助于降温。开放式育雏时，维持舍温21～25℃，尽量打开通气孔和通风窗，加强通风。

4. 光照

光照可以促进雏鸭的采食和运动，有利于雏鸭健康生长。商品雏鸭1周龄要求保持24小时连续光照，2周龄要求每天18小时光照，2周龄以后每天12小时光照，至出栏前一直保持这一水平。但光的强度不能过强，白天利用自然光，早、晚提供微弱的灯光，只要能看见采食即可。

5. 密度

密度过大，雏鸭活动不开，采食、饮水困难，空气污浊，不利于雏鸭生长；密度过小使房舍利用率低，多消耗能源，不经济。育雏期饲养密度的大小要根据育雏室的结构和通风条件来定,一般每平方米饲养 1 周龄雏鸭 25 只,2 周龄为 15～20 只,3～4 周龄 8～12 只,每群以 200～250 只为宜。

(二)雏鸭的饲养管理

1. 选择

肉用商品雏鸭必须来源于优良的健康母鸭群,种母鸭在产蛋前已经免疫接种过鸭瘟、禽霍乱、病毒性肝炎等疫苗,以保证雏鸭在育雏期不发病。所选购的雏鸭大小基本一致,体重在 55～60 克,活泼,无大肚脐、歪头拐脚等,毛色为蜡黄色,太深或太淡均淘汰。

2. 分群

雏鸭群过大不利于管理,环境条件不易控制,易出现惊群或挤压死亡,所以为了提高育雏率,应进行分群管理,每群 200～250 只。

3. 饮水

水对雏鸭的生长发育至关重要,雏鸭在开食前一定要先饮水。在雏鸭的饮水中加入适量的维生素 C、葡萄糖、抗生素,效果会更好,既增加营养又提高雏鸭的抗病力。提供饮水器数量要充足,不能断水,但也要防止水外溢。

4. 开食

雏鸭出壳 12～24 小时或雏鸭群中有 1/3 的雏鸭开始寻食时进行第一次投料,饲养肉用雏鸭用全价的小颗粒饲料效果较好。如果没有这样的条件,也可用半生米加蛋黄饲喂,几天后改用营养丰富的全价饲料饲喂。

5. 饲喂方法

第一周龄的雏鸭应让其自由采食,保持饲料盘中常有饲料。一次投喂不可太多,防止饲料因长时间吃不完被污染而引起雏鸭生病或者浪费饲料。因此要少喂常添,第一周按每只鸭子 35 克饲喂,第二周 105 克,第三周 165 克。

6. 预防疾病

肉鸭网上密集化饲养，群体大且集中，易发生疫病。因此，除加强日常的饲养管理外，要特别做好防疫工作。饲养至 20 日龄左右，每只肌肉注射鸭瘟弱毒疫苗 1 毫升；30 日龄左右，每只肌肉注射禽霍乱菌苗 2 毫升，平时可饮用 0.01%～0.02%的高锰酸钾水，效果也很好。

二、肉鸭育肥期的饲养管理

（一）舍饲育肥

育肥鸭舍应选择在有水塘的地方，用砖瓦或竹木建成，舍内光线较暗，但空气流通。育肥时舍内要保持环境安静，适当限制鸭的活动，任其饱食，供水不断，定时放到水塘活动片刻。这样经过 10～15 天肥育饲养，可增重 0.25～0.5 千克。

（二）放牧育肥

南方地区采用较多，与农作物收获季节紧密结合，是一种较为经济的育肥方法。通常 1 年有 3 个肥育饲养期，即春花田时期、早稻田时期、晚稻田时期。事先估算这 3 个时期作物的收获季节，把鸭养到 40～50 日龄，体重达到 2 千克左右，在作物收割时期，体重达 2.5 千克以上，即可出售屠宰。

（三）填饲育肥

1. 填饲期的饲料调制

肉鸭的填肥主要是用人工强制鸭子吞食大量高能量饲料，使其在短期内快速增重和积聚脂肪。当体重达到 1.5～1.75 千克时开始填肥。前期料中蛋白质含量高，粗纤维也略高；而后期料中粗蛋白质含量低（14%～15%），粗纤维略低，但能量却高于前期料。

2. 填饲量

填喂前，先将填料用水调成干糊状，用手搓成长约 5 厘米，粗约 1.5 厘米，重 25 克的剂子。一般每天填喂 4 次，每次填饲量为：第 1 天填 150～160 克，第 2～3 天填 175 克，第 4～5 天填 200 克，第 6～7 天填 225 克，第 8～9 天填 275 克，第 10～11 天填 325 克，第 12～13 天填 400 克，第 14 天填 450 克。如果鸭的食欲好则可多填，应根据情况灵活掌握。

3. 填饲管理

填喂时动作要轻，每次填喂后适当放水活动，清洁鸭体，帮助消化，促进羽毛的生长。舍内和运动场的地面要平整，防止鸭跌倒受伤。舍内保持干燥，夏天要注意防暑降温，在运动场搭设凉棚遮阴，每天供给清洁的饮水。白天少填晚上多填，可让鸭在运动场上露宿。鸭群的密度为前期每平方米 2.5～3 只，后期每平方米 2～2.5 只。始终保持鸭舍环境安静，减少应激，闲人不得入内。一般经过两周左右填肥，体重在 2.5 千克以上便可出售上市。

第五节 鸭常见疾病的防治技术

一、鸭瘟

1. 症状

又名鸭病毒性肠炎，俗称"大头瘟"，是鸭的一种急性、热性、高死亡率的败血性传染病。

鸭瘟对不同日龄和不同品种的鸭均有感染力，以番鸭、麻鸭最易感染，肉鸭次之。本病一年四季都可发生，以春、夏季和秋季鸭群的运销旺季多发。

鸭瘟潜伏期一般为 2～5 天，病初体温迅速升高至 43～44℃，病鸭表现为没有精神、食欲降低至不吃、口渴加剧、头颈缩起、两翅下垂，两腿麻痹无力，走动困难，卧伏不起。驱赶时，往往用双翅拍地而走，走动几步就倒地不起。病鸭不愿下水，如被强赶下水，则不能游动，漂浮水面并挣扎回岸。病鸭拉绿色或灰白色稀粪，肛门周围的羽毛被污染并结块，严重者泄殖腔黏膜外翻，黏膜面有黄绿色的假膜且不易剥离。鸭瘟突出的特点是流泪和眼睑肿胀，有脓性分泌物以致眼睑粘连，鼻腔流出分泌物，呼吸困难，叫声嘶哑无力，部分病鸭头颈部明显肿大。

2. 防治

如有条件，在早期发病时，用鸭瘟高免血清注射。平时以预防为主，避免从疫区引进种鸭、鸭苗和种蛋。另外，要禁止健康鸭在疫区水域或野禽出没的水域放牧。日常管理工作中，严格做好鸭舍、运动场、用具等的消毒工作。

二、鸭病毒性肝炎

1. 症状

本病一年四季均可发生，多在早春爆发。主要感染 3 周龄以下小鸭，以 1 周龄内发病居多，死亡多集中在 3～10 日龄。病鸭发病半天至 1 天即出现特异性神经症状，全身抽搐，身体倾向一侧，头向后背，呈角弓反张，俗称"背脖病"。两腿痉挛性反复蹬踢，有的在地上旋转，抽搐十多分钟至数十分后死亡。死时大多头仰向背部，这是患该病雏鸭死亡时的典型特征。剖检可见肝脏肿大，质地柔软，表面有出血点或出血斑，呈淡红色或斑驳状，胆囊充盈，胆汁呈茶褐色或绿色。脾脏有时肿大，表面呈斑状花纹样。肾脏常出现肿胀和树枝状充血。

2. 防治

在卫生条件差、肝炎常发的养鸭场，必须在 7～10 日龄进行疫苗免疫。未经免疫的母鸭，其后代雏鸭 1 日龄即需进行疫苗免疫；雏鸭一旦发病，采用高免血清或卵黄抗体注射，无高免血清或卵黄抗体时，用鸭肝炎弱毒疫苗紧急接种，可迅速降低死亡率和控制疫病流行。

三、鸭流感

1. 症状

该病一年四季均有发生，以每年的 11 月至翌年 5 月发病较多。潜伏期短的几小时，长的可达数天。部分雏鸭感染后，无明显症状，很快死亡，但多数病鸭会出现呼吸道症状。病初打喷嚏，鼻腔内有鼻液，鼻孔经常堵塞，呼吸困难，出现摆头、张口喘息等症状。一侧或两侧眼眶部肿胀。

20 日龄至产蛋初期的青年鸭多出现传染性脑炎，潜伏期很短，数小时至 1～2 天，发病后 2～4 天出现大量死亡。病鸭表现为体温升高，食欲锐减以致废绝，饮水增加，粪便稀薄呈淡黄绿色，部分鸭出现单侧或双侧眼睛失明，而其外观上没有明显变化。番鸭以精神沉郁为主要死前症状，蛋鸭品种则在濒死时大量出现神经症状。产蛋鸭感染后数天内，鸭群产蛋量迅速下降，有的鸭群产蛋率下降至 10%。

2. 防治

鸭流感病毒的抵抗力不强，许多普通消毒药液均能迅速将其杀灭，如甲醛、来苏儿、过氧乙酸等，紫外线也能较快将病毒灭活，在 65～70℃加热数分即可灭活病毒。

控制本病的传入是关键，应做好引进种鸭、种蛋的检疫工作。坚持全进全出的饲养方式，平时加强消毒，做好一般疫病的免疫，以提高鸭的抵抗力。鸭流感灭活疫苗具有良好的免疫保护作用，用其接种是预防本病的主要措施，但应优先选择与本地流行的鸭流感病毒毒株血清亚型相同的灭活疫苗进行免疫。一旦发现高致病力毒株引起的鸭流感时，应及时上报、扑灭。对于中等或低致病力毒株引起的鸭流感，可用一些抗病毒药物和广谱抗菌药物以减少死亡和控制继发感染。

四、鸭霍乱

1. 流行特点及症状

本病的发生无明显季节性，北方地区以春秋季多发。气温较高、多雨潮湿、天气骤变、饲养管理不善等多种因素，都可以促进本病的发生和流行。

各种日龄鸭均可发病，但一般以 30 日龄内雏鸭发病率高，死亡率也较高，成年种鸭发病较少，常呈散发性，死亡率也较低。

最急性病例常见于流行初期，鸭群无任何明显可见症状，在吃食时或吃食后，突然倒地死亡，或当天晚上鸭群无异常，第二天早晨发现死亡。有的鸭子还在放牧中突然死亡。急性病例鸭体温升高，不愿下水游泳，将鸭倒提时，常从口鼻中流出酸臭液体。病鸭咳嗽、喘气、摆头、甩头，企图排出积在喉头的黏液，故又有"摇头瘟"之称。病鸭下痢，有时粪中带血。部分病鸭两腿瘫痪不能行走。常在1～3天衰竭死亡。

2. 防治

平时加强饲养管理，雏鸭、中鸭和成鸭要分群饲养。搞好环境卫生，加强消毒。可通过接种疫苗进行免疫。多种抗菌药物都可用于本病的治疗，并有不同程度的治疗效果。可用恩诺沙星：每克加水15～20千克，饮服3～5天；链霉素肌内注射，每千克体重鸭链霉素1万～2万单位注射，每天2次，连用2天；土霉素0.05%～0.1%拌料，饲喂3～5天。另外，强力霉素、氟哌酸等均有较好疗效。

五、鸭大肠杆菌病

1. 流行特点及症状

主要表现为病鸭少食或不食，独立一旁，缩颈嗜睡。眼鼻常见黏性分泌物，呼吸困难，拉灰白或黄绿色稀便，常因败血症或体质衰弱而脱水死亡。雏鸭(2～6周龄)多呈急性败血症经过，成鸭多为亚急性或慢性感染。慢性病例常见关节肿胀、跛行，站立时见腹围膨大下垂，触诊腹部有液体波动感，穿刺有腹水流出。

2. 防治

本病要加强饲养管理，严格消毒种蛋及孵化过程中消毒，对种鸭进行大肠杆菌菌苗免疫。各地分离出来的大肠杆菌菌株，对多种抗生素类药物的敏感性不完全相同。总的来说，大肠杆菌菌株对庆大霉素、阿米卡星、卡那霉素等药物较为敏感。

模块九　现代畜禽养殖的生产经营管理

第一节　畜禽场经营管理的主要内容

一、畜禽场的技术管理

(一)优良品种的选择

我国养禽历史悠久，畜禽的品种资源比较丰富，并培养了许多新品种、新品系。另外，还从国外引进了许多优良蛋鸡、肉鸡品种。选择适应性强、市场容量大、生长速度快、产蛋率高、饲料转化率高的优良品种，对提高生产水平，取得好的经济效益有十分重要的作用。

(二)饲料全价化

饲料成本在养殖生产中约占总成本的70%。因此，必须根据畜禽的不同生物学阶段的营养需要，合理配制日粮，提高饲料利用率，降低饲料费用，这是饲养管理的中心工作之一。

(三)设备标准化

现代化养禽业的特点是高效、高产、低耗，把良种、饲料、机械、环境、防疫、管理等因素有机地辩证统一起来。因此，必须利用先进的机械，提高集约化生产水平，取得较高的经济效益。实践证明：利用先进的机械可以大幅度提高劳动生产率，节约饲料成本，减少饲料浪费，提高畜禽的生产性能，并有利于防疫，减少疾病发生，提高成活率。对养禽舍内环境条件进行人工控制，如通风换气、喷雾降温、控制光照等，将有力地促进养禽水平的提高，取得更好的经济效益。

（四）管理科学化

养禽场特别是现代化的大型养禽场，是由许多人协作劳动和进行社会化的生产。对内都是一系列复杂的经济活动和生产技术活动，必须合理组织和管理。在建场时，就需对禽场类型、饲养规模、饲养方式、投资额、饲料供应、技术力量、供销、市场情况等进行深入调查，进行可行性分析，然后做出决策。投产后需抓好生产技术管理、财务管理、人员管理和加强经济核算，协调对外的一系列经济关系等，使管理科学化。

（五）防疫规范化

畜禽场一般采用集约化饲养，受疫病的威胁比较严重。因此，要在加强饲养管理的基础上严格消毒防疫制度，采用"全进全出"的饲养方式，制订科学合理的免疫程序，严防传染性疾病的发生。

（六）技术档案管理系统化

畜禽生产过程中每天所做的每项工作都应该有详细记录，而且记录要按照类型进行分类整理和存档。这些技术档案能够为生产和经营提供科学的参考依据。

二、畜禽场的人员管理

在畜禽场管理中应高度重视人的因素的重要性，重视人力投资的重要性，把企业经营管理特别是劳动管理的重心真正放在"人"的身上。表现在建立岗位责任制和劳动定额等方面。

（一）建立岗位责任制

在禽场的生产管理中，要使每一项生产工作都有人去做，并按期做好，使每个职工各得其所，能够充分发挥主观能动性和聪明才智，需要建立联产计酬的岗位责任制。

根据各地实践，对饲养员的承包实行岗位责任制大体有如下几种方法。

（1）全承包法。饲养员停发工资及一切其他收入。每只禽按入舍计算交蛋，超出部分全部归己。育成禽、淘汰禽、饲料、禽蛋都按场内价格记账结算，经营销售由场部组织进行。

（2）超产提成承包法。这种承包方法首先保证饲养员的基本生活费收入，因为养禽生产风险很大，如果鸡受到严重传染病侵袭，饲养员也无能为力。承包指标为平均先进指标，要经过很大努力才能超额完成。奖罚的比例也是合适的，奖多罚少。这种承包方法各种禽场都可以采用。

（3）有限奖励承包法。有些养禽场为防止饲养员因承包超产收入过高，可以采用按百分比奖励方法。

（4）计件工资法。养禽场有很多工种可以执行计件工资制。生产人员生产出产品，获取相应的报酬。销售人员取消工资，按销售额提成。只要指标制订恰当，就能激发工作的积极性。

（5）目标责任制。现代化养禽企业高度机械化和自动化，生产效率很高，工资水平也很高，在这种情况下采用目标责任制，按是否完成生产目标来决定薪酬。这种制度适用于私有现代化养禽企业。

建立了岗位责任制，还要通过各项记录资料的统计分析，不断进行检查，用计分方法科学计算出每一位职工、每一个部门、每一个生产环节的工作成绩和完成任务的情况，并以此作为考核成绩及计算奖罚的依据。

（二）制订劳动定额

关于养禽场工作人员的劳动定额，应根据集约化养禽的机械化水平、管理因素、所有制形式、个人劳动报酬和各地区收入差异、劳动资源等综合因素进行考虑。

三、畜禽场日常管理

（一）经常性检测各项生产环境指标

禽舍内的温度、湿度、通风和光照应满足畜禽不同饲养阶段的需求，饲养密度要适宜，保证畜禽有充足的空间，以降低禽群发生疾病的机会。只有禽舍内温度适宜、通风良好、光照适当、密度适中才能使畜禽健康地生长发育。饲养人员要定时检查这些方面的舍内环境条件，发现问题，及时做出调整，避免环境应激。还需要定期检测舍内空气中的微生物的种类和数量，对舍内环境质量进行定期监测。

（二）推广"全进全出"的饲养制度

舍内饲养同一批畜禽，便于统一饲喂、光照、防疫等措施的实施，提高群体生产水平，前一批出栏后，留2～4周的时间打扫消毒禽舍，可切断病源的循环感染，使疫病减少，死亡率降低，禽舍的利用率也高。另外，禽舍要有防鼠、防虫、防蝇等设施。

（三）卫生管理制度执行要严格

饲养员要穿工作服，并固定饲养员和各项工作程序。与生产无关的人员谢绝进入禽场生产区，饲养人员和技术人员入场前要经过洗澡间洗浴，之后消毒。入舍前要在场门口的消毒池内浸泡靴子，上料前要洗手。饲养人员不得随便串舍。严禁各舍间串用工具。

（四）保持环境安静

观察禽群健康状态，保持环境安静，减少应激的产生。

（五）减少饲料浪费

饲料要满足禽群的营养需要，减少饲料浪费。按照不同畜禽不同时期的饲养标准，在饲养时科学配制饲料，用尽可能少的饲粮全面满足其营养需要，既能使畜禽健康正常，也能充分发挥生产性能，以取得良好的经济效益。饲料费用占养殖总支出的60%～70%，节约饲料能明显提高养禽场的经济效益。

（六）做好生产记录

做好生产记录包括每天畜禽的数量变动情况(存栏、销售、死亡、淘汰、转入等)、饲料消耗情况(每个禽舍每天的总耗料量、平均每只的耗料量、饲料类型、饲料更换等情况)、畜禽的生产性能(产蛋量、产蛋率、种蛋合格率、种蛋受精率、平均体重、增重耗料比、蛋料比等)、疫苗和药物使用情况、气候环境变化情况、值班工作人员的签名。

第二节 畜禽生产成本的构成

畜禽生产成本一般分为固定成本和可变成本两大类。

一、固定成本

固定成本由固定资产(养禽企业的房屋、禽舍、饲养设备、运输工具、动力机械、生活设施、研究设备等)折旧费、基建贷款利息等组成,在会计账面上称为固定资金。特点是使用期长,以完整的实物形态参加多次生产过程,并可以保持其固有物质形态。随着养禽生产不断进行,其价值逐渐转入到禽产品中,并以折旧费用方式支付。固定成本除上述设备折旧费用外,还包括利息、工资、管理费用等。固定成本费用必须按时支付,即使禽场不养禽,只要这个企业还存在,都得按时支付。

二、可变成本

可变成本是养禽场在生产和流通过程中使用的资金,也称为流动资金,可变成本以货币表示。其特点是仅参加一次养禽生产过程即被全部消耗,价值全部转移到禽产品中。可变成本包括饲料、兽药、疫苗、燃料、能源、临时工工资等支出。它随生产规模、产品产量而变化。

在成本核算账目计入中,以下几项必须记入账中:工资、饲料费用、兽医防疫费、能源费、固定资产折旧费、种禽摊销费、低值易耗品费、管理费、销售费、利息。

通过成本分析可以看出,提高养禽企业的经营业绩的效果,除了市场价格这一不由企业决定的因素外,成本则应完全由企业控制。从规模化、集约化养禽的生产实践看,首先应降低固定资产折旧费,尽量提高饲料费用在总成本中所占比重,提高每只禽的产蛋量、活重和降低死亡率。其次是降低料蛋价格比、料肉价格比控制总成本。

第三节 生产成本支出项目的内容

根据畜禽生产特点，禽产品成本支出项目的内容，按生产费用的经济性质，分直接生产费用和间接生产费用两大类。

一、直接生产费用

即直接为生产禽产品所支付的开支。具体项目如下。

1. 工资和福利费

工资和福利费是指直接从事养禽生产人员的工资、津贴、奖金、福利等。

2. 疫病防治费

疫病防治费是指用于禽病防治的疫苗、药品、消毒剂和检疫费、专家咨询费等。

3. 饲料费

饲料费是指禽场各类禽群在生产过程中实际耗用的自产和外购的各种饲料原料、预混料、饲料添加剂和全价配合饲料等的费用，自产饲料一般按生产成本（含种植成本和加工成本）进行计算，外购的按买价加运费计算。

4. 种禽摊销费

种禽摊销费是指生产每千克蛋或每千克活重所分摊的种禽费用。

种禽摊销费(元/千克)＝(种禽原值－种禽残值)/禽只产蛋重

5. 固定资产修理费

固定资产修理费是为保持禽舍和专用设备的完好所发生的一切维修费用，一般占年折旧费的 5%～10%。

6. 固定资产折旧费

固定资产折旧费是指禽舍和专用机械设备的折旧费。房屋等建筑物一般按 10～15 年折旧，禽场专用设备一般按 5～8 年折旧。

7. 燃料及动力费

燃料及动力费指直接用于养禽生产的燃料、动力和水电费等，这些费用按实际支出的数额计算。

8. 低值易耗品费用

低值易耗品费用指低价值的工具、材料、劳保用品等易耗品的费用。

9. 其他直接费用

其他直接费用凡不能列入上述各项而实际已经消耗的直接费用。

二、间接生产费用

间接生产费用即间接为禽产品生产或提供劳务而发生的各种费用，包括经营管理人员的工资、福利费；经营中的办公费、差旅费、运输费；季节性、修理期间的停工损失等。这些费用不能直接计入某种禽产品中，而需要采取一定的标准和方法，在养禽场内各产品之间进行分摊。

除了上两项费用外，禽产品成本还包括期间费。所谓期间费就是养禽场为组织生产经营活动发生的，不能直接归属于某种禽产品的费用，包括企业管理费、财务费和销售费用。企业管理费、销售费是指禽场为组织管理生产经营、销售活动所发生的各种费用，包括非直接生产人员的工资、办公、差旅费和各种税金、产品运输费、产品包装费、广告费等。财务费主要是贷款利息、银行及其他金融机构的手续费等。按照我国新的会计制度，期间费用不能进入成本，但是养禽场为了便于各禽群的成本核算，便于横向比较，都把各种费用列入来计算单位产品的成本。

以上项目的费用，构成禽场的生产成本。计算禽场成本就是按照成本项目进行的。产品成本项目可以反映企业产品成本的结构，通过分析考核找出降低成本的途径。

参考文献

[1]赵聘，黄炎坤. 家禽生产技术[M]. 北京：中国农业大学出版社，2011.

[2]黄永强. 畜禽养殖及疫病防治新技术[M]. 北京：中国农业出版社，2015.

[3]史延平，赵月平. 家禽生产技术[M]. 北京：化学工业出版社，2012.

[4]黄颖. 畜禽疾病防治[M]. 上海：上海交通大学出版社，2014.